造物

拯救地球生灵的呼吁

The Creation
An Appeal *to*
Save Life on Earth
Edward O. Wilson

造物

拯救地球生灵的呼吁

［美］爱德华·O·威尔逊 著

马涛 沈炎 李博 译

上海人民出版社

目录

一　造　物

二　衰退和补偿

一

造
物

　　寻求你的帮助，邀请你在一位生物学家的陪伴下参观被
围困的自然世界

图 1　哥斯达黎加的原始雨林(修改自 E. O. Wilson，"Threats to Biodiversity," *Scientific American*，September 1989，pp. 108—116)。

1

给一位南方浸礼教会
牧师的信：问候

尊敬的牧师：

虽然我们从未谋面，但我觉得我已经很了解你，可以称你为朋友了。 首先，我们在共同的信仰下成长。 当我还是一个孩子的时候，我也曾响应献身呼招，我也曾接受过洗礼。 虽然我现在不再是那些信仰者中的一员，但我确信如果我们见面，在私下里谈及我们心灵深处的信念时，那将是怀着一种互相尊敬和友善的心态。 我知道我们共同具有很多道德行为上的训诫。 或许最重要的是，我们都是美国人，由此影响到我们的端庄礼貌和友好礼仪，我们同时也都是南方人。

我现在给你写信是想得到你的建议和帮助。 当然，在做这件事的时候，我知道没有办法避免我们各自世界观的根本差异。 你是一个基督教圣经的文字解读者，你拒绝接受人类是从低等生物进化而来的科学结论。 你相信每个人的灵魂都是不灭的，地球是带着灵魂走向永恒生命的一个站点。 救世是为了保证那些人得到基督耶稣的救赎。

我是一个世俗的人文主义者。 我认为存在是我们个人创造的。在这个星球上，人死了以后生命就不再存在，天堂和地狱是我们为自己臆想创造的地方。 我们不再有别的家园。 人类是低等生物经过千百万年的进化在地球上起源的。 我可以明确地说，我们的祖先是类猿动物。 人这个物种已经在物理和心理上适应地球上的生活，而不能适应其他一些地方。 道德伦理是我们共同拥有的建立在理性、法律、荣誉以及与生俱来的行为准则上的行为规范，尽管有些人将其归结为上帝的意愿。

你以看不见摸不着的神灵为荣，而我则以最终解开宇宙万物之谜而骄傲；你信仰造就肉身拯救人类的上帝；我则信仰真正使人类自由的普罗米修斯之火。 你已经找到了你的最终真理；而我还在苦苦寻觅。 或许是我错，也许是你错，但也说不定我们都有部分正确。

这种世界观的不同会使我们在所有问题上存在分歧吗？ 并不是这样的。 你，我和其他每一个人都在追求同样的安全的需要、选择的自由、个人的尊严以及比我们自身更为重要的理想。

那么，让我们来看看，如果你愿意的话，我们能否在纯粹哲学的层面上来探讨问题，来应对我们共有的真实世界。 我之所以这么说，是因为你有能力来帮助我解决一个很关注的问题，我希望你能同样的关心。我建议我们为了拯救世界而搁置分歧。自然世界的保卫战具有共有价值，它不是从任何宗教和意识形态的教条中产生，也不对这些教条有任何促进作用。然而，它一视同仁地服务于所有人类的福利。

牧师，我们需要你的帮助。创造万物的自然正深陷于困境之中。科学家们估计，如果栖息地改变和其他的人类破坏活动按照当前这种速度持续下去的话，到21世纪末，地球上一半的动、植物物种将会消失或者过早灭绝。在接下来的50年里，仅仅因为气候变化一项就可以导致四分之一的物种消失或者过早灭绝。按照最保守的估计，当前的灭绝速度大约是人类在地球上出现以前的100倍。在接下来的几十年中，灭绝速度估计会加快到千倍甚至更高。如果这个增长趋势持续不减弱的话，人类在财富、环境安全和生活质量上付出的代价将是十分惨重的。

当然我们承认，每一个物种，不管此时看起来是多么的不显眼和微贱，它们都是生物的杰作，值得挽救。每个物种都拥有一种独特的基因组合来准确地适应特定的环境。如果我们对未来采取谨慎的态度，我们就必须立刻行动起来防止物种的灭绝、地球生态系统的恶化以及因此导致的天地万物的贫瘠。

现在，你完全可以发问：为什么是我？因为宗教和科学是当今世界上最强大的两种力量，特别是在美国。如果宗教和科学能够在生物保护这个共同点上联合起来，问题将会很快得以解决。如果存在一种能被各种信仰的人都接受的道德箴言，那就是我们欠自己和后代一个美丽、富饶和健康的生态环境。

我有一点很疑惑的是，如此多的在精神上代表了世界上大多数人的宗教领袖，在把保护自然作为其教权的重要组成部分时显得犹豫重重。 难道他们认为人类中心主义伦理观和为来生做准备才是要紧的事情吗？ 更令人不解的是，基督徒们普遍相信"基督再临"（the Second Coming）马上就要发生，当前地球的状况变得怎样已经不是那么重要了。 按照2004年的民意测验，60%的美国人相信《启示录》的预言是正确的。 他们中数以百万计的人认为"末世"在他们这一代就会出现。 耶稣将会重返地球，那些被基督救赎的人的肉体将会被送往天堂，而那些留下的人将会在世间经受磨难，并且死后还要在地狱中永受煎熬。 他们将会和那些前世被罚的人一样，一直留在地狱，呆上亿亿年，直到宇宙不断膨胀到"热寂"，直到无数个宇宙不断产生、膨胀和消失。 这还仅仅是那些被宣布有罪的灵魂，因为在短暂的地球生活中在宗教选择上犯了错误，从而要在地狱中经受漫长磨难的一个开始。

对那些信仰这种基督教形态的人来说，千万种其他生命形式的命运真的是微不足道。 这些类似的教条并不是希望和怜悯的福音，而是残酷和绝望的福音。 它们不是出自基督教的精神。 牧师，请告诉我，我错了吗？

不管你将怎么回应，这里让我冒昧地提出一种供选择的道德规范。 21世纪的最大挑战是在提高各地人民生活水平的同时尽可能地保护其他生物。 科学家已经提供了伦理方面的论据：我们对生物圈了解得越多，它就表现出越多的复杂和美丽。 它就像一口魔法井，你从里面提取的越多，就有越多的东西可供你提取。 地球，特别是其孕育着生命的极薄表层，是我们的家园，是我们的源泉，是我们的物质和精神食粮。

我知道科学和环境保护论在很多人的头脑中与进化论、达尔文和世俗主义联系在一起。 现在我不再谈这些事情（后面我会再提到），我只是想再次强调：保护地球的美丽和生命令人惊讶的多样性应该是一个共同的目标，而不应顾及我们在哲学上信仰的差异。

为了用福音的形式说明这一点，让我讲述一个刚受过培训要为政府做事的年轻人的故事。 他坚持基督教的信念，遇到道德上的问题就去求助于圣经。 当他在巴西参观像大教堂一样肃穆庄严的大西洋雨林的时候，他看出了那显然是出自上帝之手，于是他在笔记本上写道，"这种充斥脑海，振奋人心的惊奇、敬佩和热爱的感觉无论用什么语言来形容都不过分"。

那就是 1832 年的查尔斯·达尔文，在他的进化思想产生之前，刚刚参加了小猎犬号的航行。

1859 年写完《物种起源》（*Origin of Species*）的达尔文，首先抛弃了基督教的教条，然后用他新发现的知识自由，清晰地表达了自然选择的进化理论："生命及其若干能力原来是由'造物主'注入到少数类型或一个类型中去的，而且在这个行星按照引力的既定法则继续运行的时候，从如此简单的生命开始，进化出最美丽的和最奇妙的类型，至今仍在进化着；这种生命观是非常宏伟的。"

当达尔文跨越割裂他精神世界的巨大分歧时，他仍然充满了对生命的敬畏。 今天将科学人文主义从主流的宗教信仰中分离出来也是由于这种分歧。 它也隔离了你和我。

为"拯救造物"在理论和道德上提供论据，你已经做好了准备。我被基督教发起的全球保护运动所鼓舞。 这种思想有很多来源，包括从福音教派到一神论的各种教派。 今天它只不过汇成一条小溪，明天它将会成为汹涌的洪流。

我已经了解了很多关于"造物"（the Creation）的宗教论据，也很希望能再多了解一些。 我现在将会在你和其他有兴趣的人面前展示科学方面的证据。 你不会同意我所说的关于生命起源的全部内容，科学和宗教在很多问题上很难相容，但是我很希望在这个关于生命与死亡的问题上我们能够达成共识。

2

接 近 自 然

牧师，我期待我们至少承认人类在历史上曾经迷失过道路。作为一个基督教牧师，你很可能回答我说，我们当然迷失过自己，我们离开了伊甸园，我们的祖先犯了一个致命的错误，所以我们生活在原罪中。现在我们的地位在动物之上，在天使之下，在天堂和地狱间徘徊，期待通过信仰主来升入更美好的世界。你是否愿意假设伊甸园就是人类出现以前的其他生命的世界呢？不管是按照字面理解也好，还是作为比喻也好，《创世记》一书坚信这一点。科学证据也表明存在这样一个原始的世界，它是孕育人类的摇篮。然而，如果生物学已经获知一切的话，就会发现和《创世记》中所说的恰恰相反，人类不是通过触及神火而突然出现的。实际上，我们是在一个有着多样化生物的世界中通过千万代的进化而来的。 我们也不是从伊甸园中被放逐出来。 相反，我们为了提高生活水平和增加人口数量，已经摧毁了它的绝大部分。 人类增加的数十亿人口已经成为对"造物"的威胁。 我很乐意提出关于人类困境的以下解释：

> 根据考古学的证据，人类大约在1万年前从野蛮世界走向文明。 这个巨大的飞跃给人造成了一种错觉，似乎人类可以从养育自己的这个世界中获得自由。 它使人类增强了信念，认为可以通过自己的头脑创造一些新的事物来适应环境和文化的变化，由此造成了历史进程的诸多不和谐。 一种更聪明的智慧生物可能正这样评论着我们：这是一种妖怪，一种新的古怪的物种正蹒跚走进我们的宇宙，他们具有石器时代的冲动、中世纪的自负和鬼斧神工的技术。 这种结合使得这个物种对于那些决定其能否长期生存的力量缺乏敏锐的反应。

似乎没有什么更好的方式来解释为什么这么多聪明的人在看到珍贵的自然遗产消失的时候却无动于衷。 很明显，他们没有察觉到由自然环境、由伊甸园提供的生态服务的价值基本相当于全球的经济总产出。 他们存在历史主义的无知，因为当环境毁灭的时候，人类的文明大厦也会随之倾塌。 最麻烦的是，我们的领导人，包括那些伟大的宗教领导人，在生命世界急剧衰退的时候却鲜有保护的举动。显然，他们忽视了上帝在世界诞生第四天发出的指示："水要多多滋生有生命的物，要有雀鸟飞在地面以上，天空之中。"

对于引出一个美丽的但是带有非难的话题，我是有些犹豫的。然而很少有人会否认，人类对自然环境的影响正在加速，正在形成一幅令人恐惧的景象。

我们应该做些什么呢？至少我们应该构建一幅让各种信徒都能在原则上接受的真实历史图景。如果这件事情能够做成的话，它至少能够引导我们走向更为安全的未来。

我们还是从绿色史的重要发现说起吧："文明是通过背叛自然获取的。"新石器时代革命，包括农业和村庄的产生，都是源于自然的恩惠。这种跳跃性的进步保佑了人类的生存。靠打猎、采集维持生活的人将告诉你，他们不再有人羡慕。但是这种革命使人类错误地认为通过选择驯养动物和植物可以满足人口的膨胀。直到最近的几个世纪，当自然资源似乎不再是无穷尽的时候，地球上动、植物资源的丧失仍然被认为是可接受的代价，自然成了开发者和拓荒者的敌人。不要忘记了，在进步的名义下，在上帝的名义下，自然中的荒野和原始生存环境正不断被侵占和替代。

历史正在给我们上一堂不寻常的课，但是仅仅讲给那些愿意倾听的人。即使其他生物除了满足人类的物质需要外就没有价值了，消灭自然仍是一个很危险的策略。首先，我们人类已经成为专门食用四种草本植物（小麦、大米、玉米和谷子）种子的物种。如果这些植物由于病害或气候变化的原因灭绝的话，我们人类也就不能生存下去。大概有5万种野生植物（很多已经濒临灭绝）可以提供替代的食物来源。如果有人坚持现实地考虑问题，那么人类和幸存的野生物种的共存应该成为长期投资项目的一部分。最顽固的人也应该意识到，保护自然应该成为管理地球自然经济最基本的深谋远虑。然而，还很少有人已经开始这么想了。

与此同时，现代科学技术革命尤其是基于计算机的信息技术的巨大进展，第二次背叛了自然，使人类相信将城市和农村的物质生活与自然割裂，也足以满足自身的需要。 这是非常严重的一个错误。 人性在深度和广度上远远超越任何现有文明的成果。 人类的精神之根通过智力发育中很多隐藏的通道深深地延伸到了自然世界。 如果我们不能理解使我们成为人的美学和宗教特质的起源和意义，也就不能发挥出所有的潜质。

就算很多人满足于生活在人工生态系统里，那也只是家畜的满足，甚至可以说是生活在荒诞的、反常的饲养场里。 在我的头脑里，那是一种堕落，不是人的本性，人并不想成为饲养场的牲口。 每个人都有权选择在复杂的、孕育我们的原始世界中自由迁徙。 我们需要的是能在无主的但却受人类保护的土地上自由漫步，这些土地和几千年前我们祖先时代一样，并没有发生过改变。 只有在这残存的伊甸园里，才充满了独立于人类的各种生命形式，才可能体验到自人类诞生之初就在不断塑造人类心灵的各种奇迹。

科学知识、教化和良好的教育，是我们在生活中获得持久和谐的关键。 生物学家对于自然界的富饶程度了解得越深，从中获得的利益也就越多。 同样，心理学家对于人类的心理发育了解得越多，就会越了解自然世界对我们精神和心灵的吸引力。

要想实现和地球的和平相处以及人类之间的和平相处，我们还有很长的路要走。 在新石器革命（Neolithic Revolution）中，我们已经走偏了方向。 我们曾经试图走出自然而不是走向自然。 对我们来说，为了获得人类自然遗产的丰富馈赠，现在回头还不算太晚，也不会因此失去已经获得的生活质量。 宗教信仰的影响非常大，牧师们也拥有足够的慷慨和创造力，足以完成这个在圣经中没有充分表达的大道理。

当前的困境在于，虽然世界上大多数人关心自然环境，但是他们并不知道为何要去关心，或者为什么他们应该对自然环境负责。 他们基本上不明白大自然的作用对他们个人来说意味着什么。 这个困惑对当代社会来说是一个大问题，对未来的后代也是如此。 这个困惑和另外一个难题也有关系，那就是世界上到处存在的尚不充分的科学教育。 这两个问题的部分原因是，由于现代生物学的爆炸性增长和越来越复杂，甚至那些最杰出的科学家也只能涉足这个 21 世纪最重要科学的很小一块领域。

我认为要完全解决这三个困难——对环境的无知、不充分的科学教育和生物学的发展——就必须把它们重新塑造为一个问题。 我希望你能同意这一点，每个受过教育的人对这个问题的核心都应该了解一些。 同样，老师和学生也会从这样的认识中受益，那就是自然已经向我们的生命和精神赖以生存的科学开辟了一条宽阔大路。 我们应该领会和讨论这个原则的共同点，因为我们是"造物"的一部分，那么"造物"的命运就是人类的命运。

3

什 么 是 自 然

牧师，生命世界的深奥和复杂仍然超出了人类的想象，你同意这一点吗？ 如果上帝似乎是不可知的，那么生物圈的大部分也是如此。 生物学家不停地强调，我们对于周边生命世界的了解是如此之少。 人类驯化的植物和驯养的动物仅是生命多样性中微不足道的一些变异。 我们开展的对生命程序的复杂模拟大部分仍缺乏真实的东西，我们甚至仍然不能制造出最低等的人造有机体。 自然中仍有很多新世界和无穷的奥秘等待我们去探索，其中就包含要解答的奥秘中的奥秘——人类生命的意义。

但是，什么是自然？ 最简单的答案也许就是最好的答案：自然是在经受人类影响后仍然保持了生命形式的那一部分原生环境，自然包括地球上不需要人类就可以独自生存的所有一切。

一些怀疑者坚持认为，即使对定义作了详细的说明，也并没有太大的用处，因为自然世界已经被干扰，被人性化了，已经失去了原始的样子。这种观点的事实核心就是，地球陆地表面只有很少的一部分没有出现过人类的足迹，多多少少都被探险家和当地人访问过。在 1955 年，我成为到达新几内亚东北部萨拉瓦吉德(Sarawaget)山脉中部山脊的第一个非巴布亚人(应当承认，即便有人曾经尝试过的话，也应该是寥寥无几。当时，我还很年轻，认为自己是不会被任何困难折服)。经过四天的艰苦跋涉，我翻越了这座人迹罕至的位于半山腰的云雾林，在路上发现了一些新的蚂蚁和蛙类物种。我骄傲地将自己的成果记录在一个瓶子里，埋在山顶的一个岩石堆成的纪念碑下。但是我是在当地猎人的引导下到达那个地方的，他们经常来这片区域寻找高山小袋鼠，在林线之上的丛草地中抓那些广布于此的小袋鼠。我常常想知道，我的这些同伴们以及他们的几万年前的祖先们已经有多少次到达这个地方，他们是经过什么样的林间通道穿越森林到达这个特别的地方的。当然会有很多人，因为在他们之前已经有很深厚的历史了。

确实，成千上万种工业污染物持续地渗进了日渐消退的极地冰雪和深海之中。地球陆地表面的5%每年都要被焚烧，主要是为了新造农田或是增加已有田地的肥力。这些措施加速了温室气体的排放，足以引起整个地球气候的不稳定。

地球的"人性化"(humanization)在以各种方式进行着。大部分陆生大型动物，包括那些重达几十千克的动物已经因捕猎而灭绝了。今天世界上草原和森林中的野生动物，与旧石器时代那些遭受猎人捕杀而灭绝的大型哺乳动物和鸟类相比，只有很少的相同点了。少量幸存的种类，如今大部分都处于濒临灭绝的边缘。1.2万年前，美洲平原上的野生动植物要比今天的非洲还要丰富。

总的来说，人类已经尽了最大的努力来改造这个星球，不过好在大量的自然仍然存在。它以最纯粹的状态存在于那些被称为"荒野"（wilderness）的地方。大体上讲，一个完全的、大型的荒野被定义为一个面积较大的、受到极少干扰的相邻栖息地的聚合体。"保护国际"（Conservation International）在最近的研究中指出，它至少要有1万平方公里（100万公顷），至少要70%的区域仍然分布着自然植被。达到这个尺度的区域包括了亚马逊流域和刚果盆地的热带雨林，以及新几内亚岛的大部分。它们也包括了绵延于北美，穿越西伯利亚到芬诺斯堪地的泰加林带。其他类型的荒野还包括地球上的大沙漠、极地区域、公海和深海底（形成鲜明对比的是，很少有三角洲和沿海水体还没有发生变化）。

在美国1964年颁布的《荒野法》（Wilderness Act）中指定了很多小的荒野，它们被作为地球上"人类设立的自由区，那里人类只能作为一个探访者而不能逗留"。在这个有历史意义的立法中，910万公顷的土地被设置为"以这样的方式被美国人民使用和享有，即让它们完好无损地保留以供未来使用"。通过委托保护那些只有5000英亩大小的片状区域，这个法案已经保护了很多有很大价值的陆地和水域，如蒙大拿州的大熊保护区（Montana's Great Bear Wilderness）和缅因州的阿拉加什国家水路保护区（Allagash Wilderness Waterway of Maine）。

"自由自在"，这个词语多么精妙地抓住了荒野的精神。但是它如何正确地运用于实践还取决于应用的尺度。一片郊区的林地显然对于哺乳动物、鸟类和树木来说不再是一个荒野。但是对于微小的生物来说，它可以被看作是一个"微型荒野"（microwilderness）。很多昆虫、螨类和节肢动物，大部分个头在 10 毫米以下，在那里自由活动，它们的领地并没有受到人类的手、脚和工具的干扰。幸运的是，"微型荒野"并不是自然中微不足道的一部分。恰恰相反，每一立方米的土壤和其中的腐殖质都是一个充满了多样化生物的世界，包含成百上千种生物。它们中包含了更多数量和种类的微生物。1 克土壤可能还不到一小撮，但是其中就生活着 6 千种，超过 1 千万个细菌。

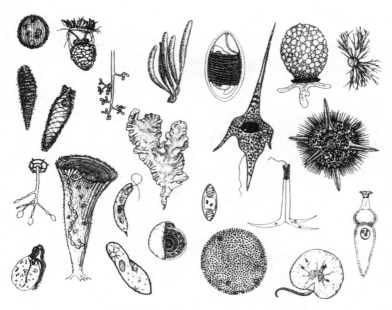

图 2　微型荒野中显微镜下可见的居民。这里描述的是藻类、原生动物和真菌（引自 John O. Corliss， "Biodiversity and Biocomplexity of the Protists and an Overview of Their Significant Roles in Maintenance of Our Biosphere," *Acta Protozoologica* 41[2002]:199—219）。

这些显微镜下可见以及肉眼勉强可见的生物生活在人类（地球上最大型的动物之一）倾向于摒弃的地方。对一个在肉眼下只是一个小点的甲螨来说，一个腐烂的树桩就相当于是一个曼哈顿。 对一个细菌来说，它就相当于是整个纽约州。 从宏观上来看，林地可能被严重地干扰过，人只要花几分钟的时间从里面走一趟就能察觉得到。里面也许被乱丢了垃圾，树林也是次生林。 但是每棵树的基部对于那些微小的居民来说都可以算是一个古老的，未被人干扰的世界。树木间的土壤和垃圾是它们的"大陆"，其附近春季的水塘则是它们的"海洋"。

"微型荒野"的构想是我最近对波士顿港岛国家公园（Boston Harbor Islands national park）感兴趣的一个主要原因。 这个港湾从17 世纪中期就一直在繁忙地被使用，大部分时间被作为市政下水道。 1985 年，它的水质被评为美国港口中污染最严重的。 它的 34个污秽的小岛对于这个新英格兰最大的城市来说似乎没有什么价值，虽然最近的岛屿只有 1 个小时的船程。 在 20 世纪 90 年代，当大波士顿排放的废水经过一个新的过滤系统进行净化以后，情况发生了变化。 港岛成为一个休闲度假区的前景逐渐清晰起来，而且在科学和教育方面的重要性也逐渐显现出来。

今天，这些群岛被重新打造为波士顿港岛国家公园，成为居民和参观者向往的地方。 港口的水体证明了生命世界的恢复力。 贝类重新在底部定居，大型鱼类又回来了，条纹鲈和蓝鱼游到了港口的码头区。 海豹和海豚有少量的回归，甚至有人看到一头座头鲸在外岛水域游弋，大概是被那里丰富的食物所吸引吧。

由于我一生中如此多的时间都在研究岛屿生物学，经常去世界一些遥远的地方，因此我被眼前这个天然实验室和教室的场景所吸引。它们在为 700 万郊区和城市人口服务。 最为突出的是，这里为儿童提供了一个离开电视和电脑来接受真实生命世界教育的机会。 它具有实践性地介绍科学的潜力，另外很重要的一点，就是它可以帮助弥补附近的哈佛大学和麻省理工大学那些令人生畏的高科技活动。 就是说，一流的科学并不一定需要穿着白大褂或是在黑板上乱涂乱画。

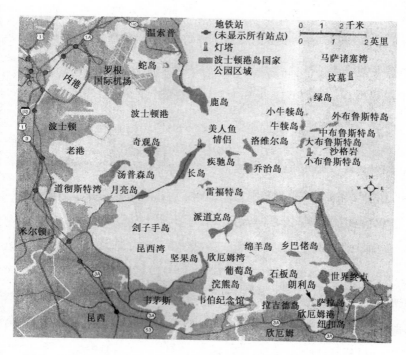

图3　波士顿港岛国家公园区域(版权归波士顿港岛国家公园所有)。

我承认我的兴趣还有一个私人的原因。 我的曾祖父威廉姆·C·威尔逊(朋友们称他为布莱克·比尔)，是南部联盟的一个偷越封锁线者(blockade runner)，1863 年在莫比尔港逃跑的时候被抓进乔治亚岛的摩根堡。 在 2004 年秋天的一个早上，我参观了他当年的监狱。从一份 1865 年的菜单了解到，和他的狱友亚历山大·史蒂文斯(当时南部联盟的副总统)在一起，他至少在战争后的一段时期生活得还不错。 在之前的两个北部联邦的监狱里，他忍受了恶劣的条件，来到这个要塞时身体状况已经很糟糕了。 但是他的问题按照北部联邦的法律，只是一般的罪犯。 他并不是一名敌军海军军官，而是一名设法从古巴向莫比尔港运送补给品的平民河道引航员。 摩根堡是当时防备最森严的用于关押海军军官和偷越封锁线者(两类被陆军部长斯坦顿认为对联邦战争结果有着特别威胁的人)的监狱。 他老人家在摩根堡由于不顺从还被多关押了一年(据家庭的口述记载，是因为向警卫吐口水)。 他在 1872 年死于一种未能确诊的疾病，源于早期监禁生活中受到的感染。

这对我来说是多么不可思议的一件事啊。 当我到达这个堡垒时，我曾祖父和我可能以不同的身份走过同样的一条路。 他是一个因为战争的意外事件而入狱的重刑犯，而我是继承了他身上八分之一遗传密码的一位昆虫学家，正在这里进行昆虫研究。

波士顿港岛之所以吸引众多博物学家，部分是因为它拥有带着浓厚世界性色彩的动、植物区系。 持续经历了三个多世纪的海运交通，这里有大量的外来植物、昆虫和其他无脊椎动物定居，其中绝大部分原产于欧洲。 例如，最近调查的 521 种植物中有 229 种(占 44%)是外来物种。 这些偷渡者中，一部分是来自那些最早到附近大陆定居的人群，现在已经和当地的物种混杂在一起形成了复杂的物种集合。 大型动物，或是一般所说的野生动物也在这里出现了。 它们主要是一些海鸟和迁徙的陆生鸟类，种类十分丰富，吸引了大量来自新英格兰甚至更远地方的观鸟爱好者。

当将微生物、真菌和小型无脊椎动物放在一起考虑，这个小群岛会呈现出新的重要性。 它们被看作是世界上没有被勘探过的"微型荒野"。 在配备了移动式显微镜(这些设备现在被广泛使用，而且价格不贵)后，就可以发现那些显微镜下可见或是基本可见的生物了。

生物多样性调查最终会变得非常全面。当科学考察变得有趣并且和教育结合起来的时候，就会产生一种全新的城市惯例。

一些后现代哲学家确信真实是相对的，取决于一个人的世界观，并认为不存在像自然界这样客观的实体。他们说，在一些文化里已经出现了错误的二分法，然而在另一些文化里却没有出现。我很乐意抱着这样的信念，无论如何要多坚持一会儿，但是我已经跨越了太多的自然和人性化生态系统间的界限，我已经不再怀疑自然的客观性。

我没有必要只是介绍波士顿近郊。例如，你可以分享我体验过的一段最为生动的经历，那就是在很多年前我曾多次造访佛罗里达礁岛群（Florida Keys）。从美国 1 号公路下到低群岛（the Lower Keys），你开始了这段旅行。这片带状区域并不能反映佛罗里达最南部的真实情况，也不是它的古代历史和永恒精神的驻留之处。为了探寻它，你可以在大白鹭国家野生动物保护区（the Great White Heron National Wildlife Reserve）边缘的租船办公室停歇一下，然后乘上一艘 14 英尺长的小船驰向墨西哥湾方向，进入一条在红树林小岛间缓慢而曲折流动的河道。把你的小船拴牢在小岛边缘一个滩涂比较高的地方，从外面树木的升高根爬过去，现在你就处在一片原始森林里了。它从来未被砍伐过，因为这些木头很少或是根本没有商业价值。它们生长的这片滩涂地也不能在其他方面进行开发。红树林缠结在一起生长，成了陆地和海洋生物繁育的温床。绿色的植被和腐烂的树枝孕育了成千上万种的昆虫和其他纤小的野生动物。浅浅的海水拍打着植株根部，那里有丰富的鱼、虾、其他甲壳动物、海葵以及大量不熟悉的海洋生物。不过，很多红树林动物在科学上仍然是未知的。一个人造生态系统，连接森林和东部地区的商业简易机场，是带来绝大多数游客的唯一通道，只有不到 80 年的历史。 类似现在这样的红树林，已经在这片海湾岸边占据了几百万年了。 如果人类打算放弃佛罗里达礁岛群的话，那些被人改造过的土地将会在几十年后重新变成泥滩和红树林，或许和现存的这些并没有什么两样。

如果你需要硬数据来区分自然和非自然的话，那么就细想一下热带雨林吧。 虽然热带雨林只覆盖了地球表面陆地的大约 6%（大概 48 个美国那么大），但是它们却是地球陆地生物多样性的"总部"，那里聚集了地球上已知动、植物物种的一半以上。 在雨林中工作的博物学家都知道和经常谈论的一条规则就是，刹那之间展现在你眼前的动、植物物种可能在那一天、那一周甚至那一年都不会再次看到。 不管你找得再久再辛苦，它可能永远也不会再次出现在你面前。 对于很多非常珍稀和难以捉摸的生物来说，热带雨林就是它们的家园。 为什么会这样，还是一个长久的谜团，它已经吸引了很多严谨认真的科学家为此展开研究。

雨林和周边被人类开发过的非雨林存在一个有趣的对比。 在巴西西部的隆多尼亚州的加里（Jari），一个只有几平方公里大的地方，昆虫学家已经记录到了 1600 种蝴蝶。 在附近有一块大小类似，以前曾是雨林，后来由于砍伐和火烧变成牧地的区域，可能只有 50 种蝴蝶（我不知道准确的数字，但是曾经在类似的地方到处寻找过），其中可能还要加上几种在跨越森林斑块时在这里迷路的种类。 对于哺乳动物、鸟类、蛙类、蜘蛛、蚂蚁、甲虫、真菌和其他生物（包括成千上万的树种和生活在树冠中的数不尽的生命有机体）来说，也存在同样的不成比例的现象。

我承认，在很多别的地方，从自然向非自然的过渡并没有那么清晰和剧烈。 被人类渗透的真实世界变成了在极端和中间变化的万花筒，既有最原始的具有百万年历史的自然栖息地，也有彻底改头换面的停车场。这种飘忽不定的万花筒正朝向人工化、简单化和不稳定化转变。

不过，稍等一下，请回忆起"微型荒野"这个概念。自然很难彻底消亡：甚至在最极端的停车场，你还可以注意到一颗富有生命力的小种子从水泥路的裂缝中缓缓长出，一丛草长在路缘，藻青菌克隆体模糊的颜色涂上了票亭。仔细寻找那些在狭小空间中茁壮生长的微小生物，你会发现螨虫、线虫以及正在努力破茧成蛾的毛虫。这些背水一战的野生生物，是使地球必将变绿变蓝的先锋，很有耐心地去改变我们的思想。这些物种仍然能够恢复一些我们冷酷地决心要摧毁的东西。

4

为什么要关心自然

牧师，我将会说服你，自然不仅仅是一个客观实体，它对我们的物质和精神生活是非常重要的。 我相信你会同意那一点，虽然你形成结论的逻辑与我有所不同。 你会把自然仁慈的一面看作为上帝的保佑，而我则将它看作是我们在生物圈中进化起源的生来就有的权利。 然而并没有必要去强调我们的假定前提之间的冲突。 换一种方式，让我来提出自然主义观点的核心部分，对此我相信你也会同意的。

现在，请考虑已经被称作"人类生态学第一定律"的如下事实：人类是一个被限制在非常小的生态位中的物种。 确实，我们的精神向外可以飞舞到宇宙的边缘，向内可以缩到原子内的粒子，这两个极端包括了 10 的 30 次方的尺度。 在这个方面，我们的智力可以和神相媲美了。 但是必须面对这个事实，我们的身体仍然被限制在一个受物理约束的微气泡中。 我们已经学习了如何占领一些地球上环境最恶劣的区域，但是只能通过蜷缩在一个密闭的、环境受到严格控制的容器中。 极地冰盖、深海和月球我们都曾到访过，但是哪怕生命支持舱发生细微的故障，都会导致脆弱的人走向生命的终点。 在那些地方延长逗留，哪怕在身体上可行，在心理上也是让人难以忍受的。

我的观点是：地球提供了一个自调节的"气泡"来长时间支持人类的生活，对我们没有任何企图，也没有任何诡计。 这个保护盾就是生物圈，是所有生命的全部集合，它是空气的创造者，是水的清洁者，是土壤的管理者，但是它仅是勉强贴附着在地球表面的一层脆弱的薄膜。 我们生命中的时时刻刻都依赖于它虚弱的身体状态。 人类，就像达尔文在《人类的由来》（*The Descent of Man*）结尾中评述的那样，抹不去从低等史前生命慢慢进化的痕迹。 如果由于信仰的原因，你不能同意这种论述的话，那么你肯定认同我们都属于生物圈，我们在生物圈中作为一个物种而生存，我们精密地适应严格的环境，当然不是所有的环境，而只是陆地上存在的某些特定气候区域。

人类生态学第一定律也可以用另外一种方式来表达：*我们的基因中不存在外来星球成分。* 如果在火星、木卫二或木卫六上存在生物的话，那么这些星球一定具有自己的基因，而且与我们的基因完全不同。

人类满足自己的利己主义，最好不要过度伤害地球上仍然存活的其他生物。 环境伤害可以被定义为，任何使我们周围的环境发生与人类天生的物质和精神需求相矛盾的改变。 我们不会自主地进化成新的生物。 我们也不能在可预知的未来，像那些轻率的未来学家描述的那样，通过基因工程来改变我们的本质。 科学知识可能会无限制地进步，也许会存在限制。 但无论如何，人类的生物本性和情感将会共同持续到未来，因为我们非常复杂的大脑皮层只能忍受细小的修补，因为人类不能像细菌一样发生突变去适应我们破坏的环境，而且，最根本、最终极也最简单的原因是，我们会选择真实地保留人性，即留下人类在生物圈中生活千百万年遗留下来的财富。

这里还有一个由于保守主义的存在而引发的争论。 除了通过基因替代法治疗明显的遗传性疾病如多发性硬化症和镰状细胞血症外，人类基因组的改变只会带来风险。 最好是按照人的本性，通过改变我们的社会惯例和道德规则去更好地适应我们的基因，而不是一直试图去修补基因。

现代文明的诸多问题，其根源在于我们过去缓慢的遗传特质变化和快速的文化进化的背离。 在当今的世界上仍然有思想家，其中一些人掌控着政治和宗教的关键位置，他们在使用高新技术指导部落战争（当然是假设正在得到部落神灵们的保佑）的同时，仍然希望依据铁器时代王国时期的圣经作为道德法则的基础。 这种落后思想和可怕破坏力的强烈对比，使得我们要比以前更加慎重，不只是发动战争这一方面。 它也应该使我们更为关心自己生存所依赖的自然环境。 在搞清楚了自己是谁和我们要做什么事之前，我们要慎重地减少对自然的破坏。

虽然我们自身的生物量很小，但是人类的破坏能力是没有极限的。 在数学上讲，可以把地球上的所有人像垒原木一样，堆进一个一立方英里的街区，可以把他们放进一段大峡谷内，全都消失不见。然而人类已经成了地球生命史上第一个具有地球物理学力量的物种。

我们已经改变了地球的大气和气候，使其偏离了正常。我们在全球范围内散布了几千种有毒化学物质，太阳能的40%被用于光合作用，人类转变了几乎所有的可耕地，在大部分河流上建筑水坝，升高了地球的海平面，现在正以一种前所未有的惊人行为，濒临用尽所有的淡水。这些狂热行为的副作用是地球生态系统正在灭亡，也包括其中的很多物种。人类造成的这些影响是不可逆转的。

既然存在人类面临的这么多问题，我们为什么要关心大自然的情况呢？如果像科学家们所说的那样，在21世纪剩下的日子里，地球上的很多物种甚至一半物种将要消失的话，那又有什么关系呢？这里存在很多对人类福利有着重要影响的原因。难以想象的科学信息和生物财富将会被摧毁，这个机会成本是非常巨大的，关于这一点我们的后代会比我们这一代人理解得更为透彻。大量尚未被发现的药物、农作物、木材、纤维、恢复土壤的植被、石油的替代品以及其他一些产品和福利将会永远从地球上消失。

环境保护论（不管那个被滥用的词意味着什么，难道我们不都是环境保护主义者吗？）的批判者通常不关心"小"和"不熟悉"的生物，他们将其分为两种：虫子和杂草。他们很容易忽略这样一个事实，正是虫子和杂草这些东西构成了地球上的大部分物种。如果他们知道的话（也许是他们忘记了），一种来自美洲热带地区的蛾子的毛虫挽救了澳大利亚仙人掌疯长的牧场；一种马达加斯加的杂草——长春花，提供了一种可以用于治疗大部分霍奇金淋巴瘤和儿童白血病的生物碱；一种挪威真菌中的成分使器官移植产业成为可能；水蛭唾液中的一种化学成分是手术中和手术后阻止血液凝结的溶剂；药典中的很多动、植物药材，它们已经从石器时代巫师的草药发展到现在的生物医药科学的"魔法弹"。

图4　抗癌药"泰素"的植物来源——北美太平洋紫杉的详细结构（此图为 Charles Sprague Sargent 原创，发表于 *Silva of North America*，10：plate 514［1896］，后来被翻印到 Eric Chivian，ed.，*Biodiversity*：*Its Importance to Human Health*［Harvard Medical School，Center for Health and the Global Environment，2002］，p. 19）。

由于自然生态系统就在眼前，因此很容易把它们提供给人类的自然服务视为理所当然。野生物种肥沃了土壤、清洁了水体，为大多数有花植物授粉。它们创造了我们呼吸的空气。没有这些令人愉快之物，人类接下来的历史将会变得肮脏和短暂。维持我们生存的基础是绿色植物和数不尽的微生物、微小的无脊椎动物。这些生物支撑着这个世界，正是因为在基因方面的如此多样，才使得它们可以在生态系统中精确地分化成不同的角色；它们的数量如此之多，以至于充斥了地球上的角角落落。它们在生态系统中的功能存在冗余：如果一种生物被消灭，那么通常会有另外一种生物能够发展或者至少部分代替它的位置。其他的那些物种，大部分是小虫和杂草，就像我们所希望的那样运转着这个世界。因为在史前时期，人类的进化依赖于它们的共同作用以及生物多样性给世界的稳定提供的保证。

生物界实际上就是处于野生状态的生物的共性以及它们通过相互作用产生的物理和化学的均衡，但是它又不只是共性和均衡。生物界的力量通过复杂性产生了可持续性；像我们现在这样，降低自然的复杂性而破坏平衡性，结果会是灾难性的。其中受到影响最大的将会是那些体型最大、最复杂的生物，包括人类在内。

对于那些运转世界的小生物应该给予更多的尊重。作为一名昆虫学家，现在我将用昆虫代表地球上的所有动物和植物，来提出集体诉讼。昆虫的多样性是所有生物中最好的证明：截止到 2006 年，已经分类的物种数目达到了 90 万种；已知的和尚未发现的物种数目加起来，也许会超过 1000 万种。昆虫的生物量是如此巨大，在任何一个时刻，活着的昆虫都有 1×10^{18} 只之多。就蚂蚁而言，大概就有 1×10^{16} 只，相当于 65 亿人的重量。虽然这些估计是非常粗略的（数字有些夸大了），但是就物质体积而言，昆虫毫无疑问在各种动物中几乎排在最前列。在生物量上可以与其匹敌的只有桡足类动物（微小的海洋甲壳类动物）、螨虫（小的像蜘蛛一样的节肢动物）以及达到极致的、令人吃惊的线虫。线虫是个巨大的类群，包括几百万个物种，占到了地球上动物数量的五分之四。谁能相信这些小生物仅仅是用来填充空间的呢？

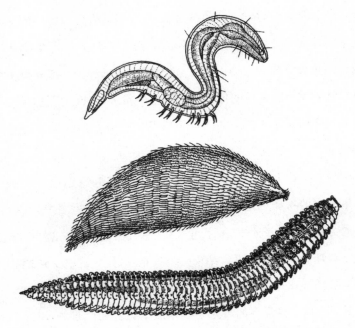

图 5　三种线虫（蛔虫），各自分化来适应自由或寄生性生活（引自 Richard C. Brusca and Gary J. Brusca, *Invertebrates*［Sunderland, Mass.：Sinauer Associates，1990］，p.350.）。

人类需要昆虫才能生存，但是昆虫并不需要我们。 如果所有的人明天都从地球上消失，那么除了人身体和头上的三种虱子外，未必会有一种昆虫跟着灭绝。 即使是这样，与人身上的寄生虫类似的大猩猩虱子，仍然能够继续寄生在同远古时期人类相近的动物身上。在人类消失的 200 年至 300 年后，生态系统会重新恢复到大约 1 万年前的那种近乎均衡的状态，当然会比那时少了一些已经被人类逼向灭绝的物种。

但是如果昆虫消失的话，地球环境很快就会崩溃进入混乱状态。想象一下在大灾难发生的前几十年中可能会出现的各个阶段的情景。

大部分有花植物，由于传粉者的缺失，不能进行繁殖。

大部分草本植物的数量呈螺旋式下降直至走向灭绝。靠昆虫传粉的灌木和树木坚持了更多年，但是很少能够超过几百年的时间。

大部分鸟类和其他陆生脊椎动物，拒绝食用专一化的树叶、果实和昆虫，在植物之后也走向了灭亡。

土壤大多没有被翻松过，这加速了植物的死亡，因为昆虫是翻松和更新土壤的主力，而不是通常所认为的蚯蚓。

真菌和细菌的种群数量急速膨胀，分解堆积的动、植物残体，仍然能够维持很多年。

风媒的草、少数蕨类植物和针叶树种，在陆地的很多无林地扩张，然后随着土壤的恶化逐渐死亡。

人类能够靠风媒的谷类和海洋捕鱼生存下来。但是随着接下来的几十年不断蔓延的饥饿，人口数量将不断减少到原先的很少一部分。为争夺不断减少的资源而引发的战争、苦难和骚乱，将把人类带入历史上前所未有的黑暗野蛮时代。

在一个被毁坏的世界里苟且生存，在一个生态黑暗时代处处碰壁，幸存者们祈求杂草和虫子们的回归。

我的方案底线是：谨慎地使用杀虫剂。不要老是想着去控制昆虫世界。使地球上几百万物种中的任何一个灭绝都是个严重的错误，这里我要补充一点，只有很少的例外。我赞成消灭前面所讲的虱子(对它们的申诉：只寄生于人类，是一种危险的皮肤害虫，威胁生活质量，携带疾病)。另外，我也不为专门叮食人血、传播恶性疟疾的非洲疟蚊的死亡感到悲伤。把它们消灭掉，只要保留其 DNA 留

造物

为什么要关心自然

待以后进行研究就可以了。 当一些生物分化成专门以人类为食时，我们就不要成为绝对的保守主义者了。

在现实世界里，只需要控制很少一部分的昆虫，也许只有不到万分之一的对人类有害的那些昆虫。 在大部分情况下，控制就意味着减少其数量，在一些国家对于那些经常被人类无意引入的外来种来说，控制则意味着尽可能地根除。 例如，从 20 世纪 40 年代带入美国南部并引起麻烦的红火蚁最近已经扩散到了加利福尼亚、加勒比海岛屿、澳大利亚、新西兰和中国。 它已经导致了每年上亿美元的农业经济损失。 它咬人有点痛，但很少是致命的，通常是因为毒液引起的过敏反应。 它已经替代了一些本地的昆虫，并且减少了野生动物的数量。 显然，只要昆虫学家能够找到方法，清除这些入侵的红火蚁是个最明智的做法。 但是对于巴西南部和阿根廷北部，情况就有所不同了，红火蚁在这些地方是土著种而不是外来种，它通过千百万年以来同其他土著种的共同进化得到生态调节。 在南美洲的老家，它们同捕食者、病原体和竞争者达到了一种平衡，否则它们可能也已经灭绝了。 在美国，红火蚁的天敌数量很少，也不固定。 把这些外来的红火蚁驱逐走，对人类和被它们侵入国家的环境都有好处。相反，在南美把它们清除出去可能会对生态系统造成破坏，它们已经和其他物种相互适应并能和谐共存了。

现代生态学面临的一个严峻的挑战就是整理出自然界的冗余和不足，以便更好地描述生物圈的内部结构。 研究者们希望及时了解生态系统是如何组合的，是如何维持的，进而更清楚地了解它们是如何变得不稳定的。 地球是自然(牧师，如果你更喜欢的话，可以称为上帝)的一个实验室，已经在我们面前展现了数不尽的实验结果。 她在和我们说话，现在让我们去聆听吧。

5

来自地球的外来入侵者

根据我个人的经验，美国南部的所有居民都对火蚁很熟悉。尽管它们是令人愤怒的，可还是给我们上了生动的一课，使我们领悟到自然是如何运转的或是如何不能正常运转的，它们已经成为美国民间文化的一部分了。我小时候出去短途旅行，就已经对火蚁相当熟悉了。当我在职业生涯中成为一个科学家后，我已经断断续续地研究了它们很多年。没有别的昆虫比它能更好地描述生态系统的微妙和复杂性了，自然的平衡可以如此轻易地被哪怕是一个外来物种的侵入所打破。在写了很多科学报告以后，我认为自己已经和这些叮咬人的魔鬼断绝了联系，我觉得自己已不能再从它们身上学到任何东西了。然而有一件事情却又将它们重新拉回到我的生活。

我正在逐个岛屿地研究西印度群岛的蚂蚁，走遍了从古巴最南面的格林纳达到北面的巴哈马群岛。整个群岛对于研究植物和动物如何被水分割，如何移居到陆地，如何形成生态系统，以及如何经历灭绝，是个极为理想的场所。岛屿上有476种蚂蚁（2005年的最新统计），由于它们的数量众多和无所不在，因此成为生态学研究的理想课题。火蚁，就像它所表明的那样，在研究与人类有关的事情上具有突出的重要性。

下面是我要讲述的故事。

2003年3月10日的下午，我和一队野外生物学家一起，进入了多米尼加共和国中部西面山地上的康塞普西翁·德拉维加（Concepción de La Vega）古城的废墟。笔直的前方是1496年哥伦布亲自指挥建设的石头堡垒。左面是一口古井的遗迹，表明曾经被16世纪初到达这里的天主教修道士使用过；右面是一片平地，可能是当时的修道院花园的一部分，围绕它的是淘金热潮中建立起来的城市，早在16世纪30年代就被废弃了。

在贫瘠的开阔空地上孤独地生长着一棵向日葵，上面挤满了小小的黑褐色蚂蚁。在叶腋里团缩着角蝉——蚜虫的远方亲戚，其背部突起像鲨鱼鱼鳍一样的隆起。当我拉起树叶去采集标本的时候，蚂蚁爬满了我的双手，刺痛了我。每一口都咬得我很疼，留下了很多咬痕，痒了好几个小时，就像握着燃尽的火柴被烧痛一样。很明显，这些蚂蚁在保护着角蝉。

在那个时刻，在那种奇怪的环境里，我确信我已经揭开了一个500年的谜团。最终经过不懈的努力，我能够找出欧洲人移居到新世界经历的最早的环境危机的原因了。

大约在1518年，在西班牙人的第一块殖民地伊斯帕尼奥拉岛爆发了一场蚁灾。 这个事件可以被 Fray Bartolomé de Las Casas*（他在圣言面前发誓所说的一切都是真实可靠的），一位严谨的美洲编年史学家和加勒比海印第安人的守卫者所证明。 按照我的看法，他是一位没有被正式册封的圣徒。 他在修道院里描述了如下的场景，就如他在《印第安人史》（*History of the Indie*）中所说的那样：“这场灾难来自无穷无尽的蚂蚁……它们叮咬人带来的痛苦比马蜂还厉害。晚上睡在床上，他们不能抵御这些蚂蚁，如果床脚不被放在四个充满水的水槽里，人就不能幸免。”

在圣多明哥新建立的首都和今天被称为多明尼加共和国的地方，蜂拥而至的蚂蚁摧毁了菜园和果园。 当灾难蔓延的时候，所有的橙子、石榴和桂树园都被糟蹋光了。 Fray Bartolomé 痛苦地描述着：“天上好像起了火一样，它们都枯萎变焦了。”在西班牙被广泛用作泻药的桂树的损失尤其让人烦恼。 这些殖民者最初的收入来自采矿，但随着泰诺印第安人奴隶由于受虐待和疾病快死光了，这些收入逐渐萎缩，后来他们就把新的收入来源寄托在桂树上。

Fray Bartolomé 认为这场灾难是上帝对于泰诺印第安人遭受虐待的愤怒。 不管西班牙人怎么看这件事情的原因，他们很快给予了当地人最高权力的授权，以获得自身的解脱：

> 当圣多明哥的居民看到这场蚁患给他们带来的巨大伤害，而人类采取任何办法都没法阻止的时候，他们一致同意从“最高法庭”获取帮助。 他们排着长队，祈求上帝把他们从这样一场损害世间财物的灾难中解救出来。 为了能更快地获得神灵的赐

---

* 见参考文献和注释。——译者注

福，他们考虑找一个圣徒作为代理人，而上帝将宣布谁是最合适的人选。于是，在一整天的游行结束时，主教、教士和整个城市的居民抽签决定谁将成为祈祷的圣人。天意将会决定谁将成为他们的代理人。幸运降临到"圣徒撒突尼"身上，人们欢欣雀跃地接受他作为自己的保护人，为他举办庄重的宴会，从那以后每年都是如此。

图 6 哥伦比亚时期美洲的历史学家 Fray Bartolomé de Las Casas(1484—1566)(版权归 Corbis 所有)。

实际上，据 Fray Bartolomé 所说，这场灾难很快奇迹般地远去了。 过了一些年，新的树木被种植，又开始结果了。 直到今天，遍布多米尼加共和国的橘子树和桂树，仍然大多不会受到蚂蚁的危害。

当这场蚁灾在海地岛消失的时候，它袭击了西印度群岛一些别的地方。 在15世纪早期，一次昆虫的攻击使得牙买加塞维拉纽瓦的村庄在1534年被遗弃。 大概是在同一时期，大群的蚂蚁威胁到了相当于今天波多黎各洛伊萨地区的木薯园。 经过抽签选出了被称为"圣徒帕特里克"的守护者。 当一场类似的灾难来到古巴的圣斯皮里图斯的时候，蚁群穿越了河流，"圣徒安"被遴选出来去祈祷。

17世纪，蚂蚁在巴巴多斯几乎也要酿成灾难，这在理查德·利根1673年对这个岛屿的自然史进行的第一手描述中有所提及。 在18世纪，全面爆发的灾难遍及了加勒比群岛：1760年发生于巴巴多斯，1763年发生于马提尼克，1770年发生于格林纳达。 有关格林纳达岛发生的蚁灾，R·H·尚伯克后来在他1848年的著作《巴巴多斯史》（*History of Barbados*）中写道："在圣乔治和圣约翰教区之间的所有糖料种植园，大概12英里的一个区域，连续遭受破坏，国家的情况非常糟糕。"他继续写道，这些蚂蚁的密度非常大，它们覆盖了道路，连绵数英里。 道路上的马蹄印一会儿就被蚂蚁覆盖，看不见了。

没有选圣徒去拯救加勒比群岛的甘蔗园，但是他们为能找到解决蚁灾办法的人准备了高额奖金（如格林纳达就高达2万英镑）。 虽然没有找到什么方法，但是最终的问题并不大。 在这些岛屿，就像2个世纪以前的伊斯帕尼奥拉岛，灾难慢慢自己平息了。

引起灾难的是什么蚂蚁？ 它的身份十分诡秘，有点像犯罪调查。现代分类学的创始人林奈，在1758年给这种蚂蚁命名为 *Formica omnivora*（无所不吃的蚂蚁），但他所做的也仅此而已。 今天，他那简短的拉丁名在现代分类系统中并不能给我们鉴定该物种提供清晰的概念。 我和其他一些昆虫学家也不能在伦敦或斯德哥尔摩林奈收集的标本中准确识别出这个物种。 过去的蚂蚁研究专家，包括我的一位前辈，学识渊博的哈佛大学昆虫馆的馆长威廉姆·莫顿·惠勒，猜测如今仍分布在加勒比区域的蚂蚁就是凶手，但是证据不多而且相互之间存在矛盾，因此很难形成一个明确的结论。 就如最终证明的一样，惠勒在1926年的一篇论文中几乎就要解决这个问题了，但是他的猜测并没有找准目标。 使用法庭推断的方式来说，惠勒之前的调查者都仅是一种猜想，并不能提供足够的证据来证明。

西印度群岛蚂蚁灾难之谜具有重要的历史意义（例如很少为其他动物委派圣徒），但意义更为深远的是，问题的解决和我们对于不稳定环境的整体理解有关。 *Formica omnivora* 是一种什么蚂蚁？ 为什么它们会爆发性地造成灾难？ 它们为什么会在几十年后自然衰退？

在20世纪90年代中期，我想看看自己是否能够完结这个昆虫学的悬案。 我经常探访那些发生过蚁灾的岛屿，调查所有的我能确定它们现在栖息地的蚂蚁。 通过仔细阅读历史文献，我拼合了所有有关 *Formica omnivora* 的形态和行为的信息碎片。 从这些信息中，我列出了一个候选表，逐渐排除，范围越来越小。 经过多次斟酌，我通过在康塞普西翁·德拉维加的修道院的发现得出了自己的结论。

16世纪的蚁灾，我推测（像惠勒一样基于很少的证据）是热带火蚁。 被昆虫学家所熟知的科学名称叫 *Solenopsis geminata*，它是美国最南端、中美洲，也可能是热带南美洲的本地种，但是随着人类商业活动已经扩散到地球上的很多热带和亚热带地区。 它和美国南部引入的红火蚁不是同一个物种。 这两种火蚁和分布在美国西南部的蚂蚁非常相近。 热带火蚁也可能是西印度群岛的本地种，至少在哥伦布登陆的时候它就生活在那里了。

泰诺人有个名词 jibijoa，可能指的就是它，这个词不可能是从 1492 年到被西班牙人统治 40 年后这种蚂蚁最终根绝期间才发明的。如果它们不是真正的本地起源的话，至少在哥伦布时代之前就已经存在了。蚂蚁被泰诺人的祖先在小岛间不经意地传布，最有可能的运输载体是木薯，那是土著加勒比人最喜欢的一种根用植物。

可是，这时谜团隐藏得更深了。如果火蚁生活在泰诺人的果园里和周边地区的话，为什么这种昆虫要等到哥伦布抵达的时候才爆发成为灾难呢？假设不是因为灭绝了泰诺族人而受到上帝的惩罚（我完全不能把这个前提排除在外）的话，必定是西班牙人对环境做了什么。它也不可能仅仅是因为开辟了果园和菜园，因为在西班牙人殖民以前，海地岛已经被约 40 万泰诺人高强度地耕作过。

通过看到康塞普西翁·德拉维加的垂死的农作物表面的蚂蚁和角蝉，我领悟到了问题的答案。这不是任何已知的蚂蚁产生的影响，因为蚂蚁很少取食植物。这是由于取食树叶的同翅目昆虫，包括蚜虫、水蜡虫、介壳虫和角蝉的骚扰引起的。火蚁属于保护这些昆虫的蚂蚁中的一类，作为交换，那些同翅目昆虫给蚂蚁提供了富含糖分和氨基酸的液体排泄物。导致那场灾难的原因最有可能是起源于一到几种新进入海地岛的同翅目昆虫。这些害虫被西班牙人不经意地带来，由于缺乏天敌而大量繁殖。最有可能的运输载体是车前草，它在 1516 年从加那利群岛引入作为主要的粮食作物。蚂蚁得益于食物来源的增多，在它们的新"牧场"里尽情享受。这两种昆虫的共生导致了那场灾难。

西班牙人并没有注意到他们的作物上集聚了很多吸食树叶的同翅目昆虫，或者说至少这些昆虫没有引起他们的重视，而是把所有的责任都推到蚂蚁身上，这是可以理解的。 直到 18 世纪末期，在格林纳达，博物学家才开始注意到同翅目昆虫在西印度群岛蚁患中起到的作用。

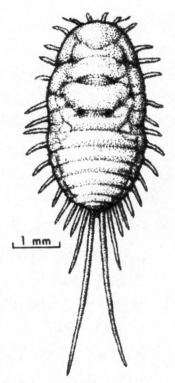

图 7　长尾粉蚧（*Pseudococcus longispinus*）（版权归澳大利亚联邦科学与工业研究组织昆虫学部所有，引自 T. E. woodward，"Hemiptera," in *The Insects of Australia*［Melbourne：University of Melbourne Press, 1970］，p. 429）。

在从一开始就目击了一场火蚁灾难后，我对于鉴定神秘的 16 世纪海地岛的 *Formica omnivore* 的身份更有信心了。 大概是在 20 世纪 20 年代末和 30 年代初，前面提及的红火蚁（*Solenopsis invicta*）被偶然地带到了阿拉巴马的莫比尔港。 可以毫无疑问地说，它是被混在了海上运输的货物当中，从其原产地（巴西中部和阿根廷北端），沿着巴拉那河的航道被运输进来的。

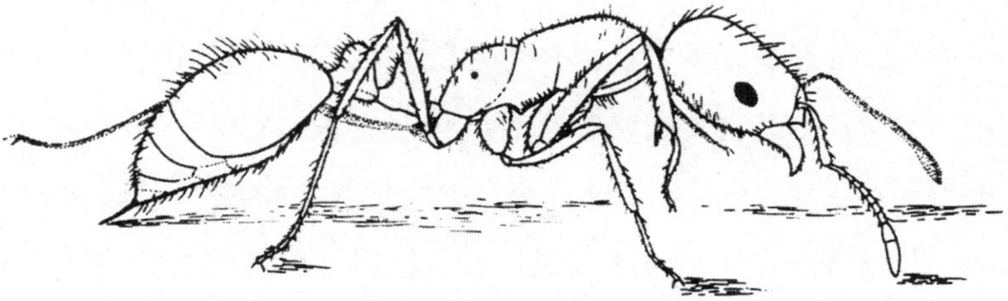

图8　一只引入的火蚁工蚁在从发现食物的地方到巢穴间留下气味痕迹。　这种跟踪信息素是从伸出的针刺中释放的（图引自 E. O. Wilson, "Chemical Communication among Workers of the Fire Ant *Solenopsis saevissima*［Fr. Smith］, 1：The Organization of Mass-Foraging," *Animal Behaviour* 10, no. 1—2［1962］：pp. 134—147, 为作者所画）。

1942 年，我 13 岁的时候，我在离莫比尔港只有 6 个街区远的住所附近从事一个童子军项目的蚂蚁研究。　我发现了一个独特的红火蚁的巢穴，这是美国关于这个物种的最早的两个记录之一。　7 年以后，这些蚂蚁已经从莫比尔港向各个方向扩散了 80 英里，在草坪、田野和长满草的路边建立了高密度的种群，每英亩有 50 多个巢穴，每个巢穴包括 20 万只易被激怒的工蚁。　可以说它已经到了灾害的程度，也许没有 16 世纪海地岛的蚁灾那么严重，但是也足以引起广泛的忧患和恐慌了。

1949 年的春天，我还是阿拉巴马大学的大四学生，正沉迷于昆虫学研究，特别是对蚂蚁生物学很感兴趣。　阿拉巴马保护局雇用我来调查红火蚁及其环境影响。　那时候我还不到 20 岁，已经拥有了作为昆虫学家的第一份工作。　我感谢那些火蚁，我意识到我真的可以靠少年时代的爱好来谋生。　在一个本科生吉姆·伊兹的陪伴下，我反复往来于蚂蚁大量出没的地区，很快拿出了一份有着不祥征兆的报告。

　　与实验室的结果相符，我在野外观察到这些蚂蚁对于农作物有很大的危害，特别是在果园里，它们会带走种子和吃掉树苗的根。 我有很多关于昆虫袭击美洲鹑和其他在地上筑巢鸟类幼鸟的记录。 我能够看到蚂蚁和它们的巨大巢穴是如何给犁地、刈草和收割带来困难的。 我注意到，有时候它们侵袭房舍，特别是在农村地区。 所有的这些不幸都被后来的研究者所证实，最近的研究又揭示了更多。 火蚁通过减少其他昆虫和无脊椎动物（如爬行动物，它们能够减少老鼠和鹿的种群数量）的多样性和丰富度从而改变环境。 很少一部分人群会对其毒液产生过敏反应，但万幸的是这个概率不会超过1%。

　　今天在火蚁国家有这样一个笑话，那就是这种著名害虫的名字发音为"faraint"。 讲述者会很快接上一句："我们不是在讨论南方方言。 我们在说这些蚂蚁来自遥远的地方，再也不会回去了。"那已经被证实是一种有保留的陈述。 红火蚁几乎是挡不住的，它没有辜负自己的拉丁学名"invicta"，意思是"不可战胜的"。 一旦定居，它的种群就在海湾各州蔓延，一直向北扩展，直到冬天的严寒对它适应温暖气候的生理构成了挑战。

　　现在，它的分布从北卡罗来纳州的滩涂一直延伸到得克萨斯中部，南部则穿越整个佛罗里达州。 在20世纪80年代，由于人类商业活动，它被带到了波多黎各，自此侵入了巴哈马群岛、部分加勒比群岛和特立尼达。 90年代，它侵入了脐橙王国——美国加州。 正如我最近在中央谷地（Central Valley）向加州大学戴维斯分校的昆虫学同事讲述的那样："首先你会听到向南方渐远的嘶嘶声，然后它们已经就到那里了。"

正如所证明的那样，所有这些事件都只能算是蚁患这部史诗的第一章。当我尽力把所有信息碎片拼在一起去鉴定西印度群岛蚂蚁这个物种时，我意识到证据仍然有两个不相符之处。第一个是，18世纪中期在巴巴多斯、格林纳达和马提尼克泛滥的蚂蚁并不叮咬人，或者说至少在当时的记录中没有提及火蚁具有这个非常明显的特征。被火蚁叮咬，是亲密接触后不可避免的一种经历，肯定要在以后的报道中明显提及这种经历。第二个不符之处是，1673年理查德·利根关于那场引起灾难的物种的记录中，说这种蚂蚁遇到太大的食物（例如死蟑螂，他曾拿压扁的蟑螂去喂蚂蚁以取乐）不能独自搬运时，就一群蚂蚁合伙把它搬运回巢穴。形成鲜明对比的是，火蚁既能拖运那些大的食物，也可以把食物切成小块以便于独自搬运。

很明显是有两种蚂蚁导致了西印度群岛的灾难：火蚁导致了海地岛16世纪的蚁灾，另一种蚂蚁在约一个世纪以后在加勒比群岛的南部小岛导致了另一场蚁灾。对于后者，最初的和实际上唯一的嫌疑犯就是大头蚁属的物种。这个属的蚂蚁是西印度群岛上种类最多、数量最大的蚂蚁类群，已知的种类有624种。因为我刚刚对它们进行了一次细致地研究，发现了344个新种，因此我立刻就意识到有两种蚂蚁最具可能性：杰氏大头蚁（*Pheidole jelskii*）和大头蚁（*Pheidole megacephala*）。

我很快就把杰氏大头蚁排除在外。虽然这个本地种是新大陆分布最广、数量最多的蚂蚁之一，而且在西印度群岛的所有地方都曾出现过，但它并不具备那个灾难物种的历史特征。它在开阔的地方构筑火山口一样的巢穴，不侵入房舍，不会大批聚集。而大头蚁则几乎完美地符合那些特征。一种来源于非洲的外来种，在树木和甘蔗的根部筑穴，具有被记载的引发灾难的物种的模样，正如利根在17

世纪报道的那样，它经常是一种毁损房屋的主要害虫。它会进一步形成巨大的连续聚居地，把占领的分散区域完全连接起来。我在佛罗里达海龟公园的海龟岛看到过超级巨大的蚁窝，其他昆虫学家也在百慕大群岛和波多黎各附近的库莱布里塔报道过它们。在世界一些其他地方，包括夏威夷，这种蚂蚁在近年来已经快要成灾了。

图 9　在巴西亚马逊，也许还有其他一些栖息地，蚂蚁的重量和其他陆生脊椎动物（哺乳动物、鸟类、爬行类、两栖类）之比是 4∶1（引自 E. O. Wilson, *Success and Dominance in Ecosystems*〔Oldendorf/Luhe, Germany：Ecology Institute, 1990〕，p. 5，为 Katherine Brown-Wing 所画）。

如果外来的大头蚁实际上就是第二种引起灾难的蚂蚁的话，那么西印度群岛的另一个奇特现象就可以解释了。16 世纪以后，在巴巴多斯、格林纳达和马提尼克三次糟糕的蚁灾都是发生在 1760 年到 1770 年之间，换句话说，是发生在 10 年之间，而且都集中在甘蔗产区。通常很难解释这个现象，除非是外来种大头蚁的出现导致的，但更有可能的是新引入的同翅目昆虫与之发生了共生作用（17 世纪中期巴巴多斯已经出现了一种灾蚁）。 后一种解释有着很强的事实作为依据，因为灾难都发生在甘蔗园里，而这里的同翅目昆虫可以大量繁殖。

在地球上已知的不到 12 000 种的蚂蚁中，只有 13 种由于搭了人类商业活动的便车而成为入侵种，开拓新的领地，造成严重的生态或经济损失，其中的绝大部分都曾经造成过灾难。 除了火蚁和大头蚁外，还包括佛得角的细纹小家蚁（*Monomorium destructor*）以及在加拉帕戈斯、新喀里多尼亚以及其他热带地区危害昆虫和其他小动物的小火蚁（*Wasmannia auropunctata*）。 阿根廷蚁（*Linepithema humile*）是另一种全球性的害蚁，已经成为马德拉岛、澳大利亚部分区域、南非以及加利福尼亚地区苦难的根源。

这么小的昆虫能够造成那么大的影响并不奇怪。 毕竟，蚂蚁是地球上起主导作用的小动物之一。 在亚马逊森林里，根据已有的测量，蚂蚁占到了所有昆虫干重的三分之一，如果算上白蚁的话，它们将占到包括脊椎动物和无脊椎动物在内的所有动物干重的四分之一。这些数字在各个地区都差不多，至少在热带稀树大草原、沙漠和温带森林中都十分接近。 蚂蚁要翻动的土壤比蚯蚓还要多。 在大多数栖息地里，它们是小动物主要的捕食者和腐食者。 如果蚂蚁消失了，即使其他昆虫都还存在，人类能否生存还是个很大的问题。 蚂蚁的生态学优势使得它们比其他动物更容易被人类运送。 此外，对于所有有害物种来说，至少有 10 种已经在地球上一些地区（特别是美国东南部地区）定居的外来种还没有表现出危害，至少现在还没有。

蚂蚁的故事是地球上其他生命正在上演故事的前兆。 随着经济全球化、国际商业和旅行量的增加，人类活动导致的外来种的散播速度也在不断加快。 每个国家都有意无意地引入了大量外来物种。 美国联邦政府在 1993 年统计到的外来植物、动物和微生物物种数量达到了 4 500 种，而本国已知的本地物种只有 20 万种。值得注意的是，这个数量显然是被低估了。如果加上那些不常见的、依然未被发现的小型无脊椎动物和微生物的话，外来物种的真实数量很容易达到几万种。夏威夷是美国所有州里面生物组成变化最大的，那里生活的大部分陆生鸟类和几乎一半以上的植物都是外来物种。

美国自建国以来，无时不被外来物种入侵。如果算上农业害虫和外来的人类疾病的话，每年造成的损失将会高达数千亿美元。外来种造成的损害有多种类型。以一种亚洲真菌为例，它在 20 世纪初清除了美国东部的一个主要树种——栗树。来自黑海或是里海的斑马贝，从它们最早侵入的美国五大湖（Great Lakes）扩散出去，现在堵塞了电力设施的通风阀门，改变了淡水生态系统。但是使我这种保护主义者最寒心的，还要数来自太平洋西南部的棕树蛇。在第二次世界大战后引进关岛的几十年后，它几乎完全消灭了生活在这个岛屿上的 10 种土著森林鸟类，其中有 3 种鸟类是地球上其他地区从来没有发现过的。如果这样描述还好像不够坏的话，那么我要接着说，这些蛇类是有毒的，能长到 10 英尺长，偶尔会爬到人的房子里去。

这些入侵者仅仅是先头部队的一部分。最近进入美国并且生活得很安逸的外来生物包括虎蚊、白蚁（侵蚀新奥尔良的那种白蚁）、塘跳蛇头鱼、野牡丹（灌木和乔木的绿色癌症）和秘鲁香胶木球蚜（一种像蚜虫一样的同翅目昆虫，已经摧毁了阿巴拉契亚南部的大片冷杉林）。为了用一句话来描述外来种的影响，我将最近出的 5 本新书的书名串接起来：《外来入侵种》是一种《生物污染》，作为《伊甸园的陌生者》和《越界的生命》，它们已经成为《美国最不欢迎的物种》。

在这个世界上，外来种是导致土著物种灭绝的第二大因素，仅次于人类活动导致的栖息地破坏。 长期以来，它们在慢慢改变我们星球的生物质量。 由于我们缺少有效控制它们的手段，因此在大部分时候都是束手无策，只能在一旁静静等待它们自己退场，就像加勒比岛屿的居民在面对热带火蚁和推测的共生体时一样。 在很长时间以后，人们才能安定下来，继续生活在残留下来的受过外来生物威胁的生态系统中或其周边地区。

入侵种衰落的原因大部分都还不为人所知。 可能是因为种群数量的增长，可能是因为寄生虫、捕食者的影响，也可能是因为竞争物种对它们的调节。 这个过程需要多久？ 早期的历史学家并没有进行记录；但是西印度群岛的蚁灾很明显经过了几年甚至几十年的时间才恢复到半正常的水平。 在 60 年以后，侵入的红火蚁在美国南部似乎减少了；在这个案例中，积极控制的努力至少在局部地区发挥了作用。

长此以往，汹涌澎湃的外来种浪潮造成的最严重影响就是使得地球生态系统走向同质化。 当土著物种不断萎缩和消失，被从其他地方来的占优势的外来竞争者代替的时候，地球的生物多样性以及不同地区之间的物种差异都在不断减少。 欧胡岛低地雨林里闪现的具有橘红色头部的外来鸟类，就和你在佛罗里达南部以及在它的家乡巴西看到的一样。 把北美沼泽草甸装点得绚丽多彩，挤走了很多本地植物的紫色千屈菜，是和那些分布在其家乡欧洲，以及迁到日本，一直到埃塞俄比亚、澳大利亚和新西兰的千屈菜是同一个物种。

生物圈的同质化对我们人类来说是令人烦恼和损失惨重的，而它将会越来越同质化。 如果我们打算阻止这个进程，那么必须深入了解生物多样性和我们对珍贵的自然资源所做的一切。 让我们认真思考一下，我们人类和其他外来物种正在对生命世界做些什么，正在对我们人类自身做些什么。

6

两种珍稀动物

牧师啊，当生物学家正在不断加深对生命世界的理解的时候，没有任何语言和艺术可以完全捕捉到它的深度和复杂性。 如果说奇迹是我们所不能理解的现象，那么所有的物种都可以称得上是奇迹。每一个生物有机体，由于孕育它的环境非常苛刻，因此都是非常独特的，不情愿地表现出了自己的识别特征。

为了强调这个关键的一点，让我给你介绍两种我个人认为非常有意思的物种。

貂 熊

我还从没有看到过野生的貂熊，希望以后也不要看到。这种生活在北方森林中的貌似黄鼬的哺乳动物以它的凶残、狡猾和狡诈而成为传奇。它体型矮胖，有3—4英尺长，重20—40磅，是地球上最小的顶级捕食者之一。它什么都吃，小到老鼠，大到鹿类。它可以把美洲豹、狼群从他们捕捉到的猎物那里赶走，拖走比自己重3倍的尸体。它有着带绒毛的厚厚的黑色毛皮，但是这不是你想要玩赏的动物。它有着锋利的牙齿、可伸缩的爪子和一张纤小的像熊一样的脸。它在地上走路又笨又慢，当站立不动的时候，似乎在准备朝前跳跃。美国博物学家欧内斯特·汤普森·西顿在1908年描述过这个物种：

> 想象一下黄鼬，我们大部分人都可以做得到，因为我们都曾经碰到过这种爱搞破坏的小魔鬼，它是屠戮的象征，永不休息，不知疲倦，具有难以置信的活动能力。把黄鼬这种恶魔的狂暴程度乘以50倍，你就可以知道貂熊是什么样的了。

貂熊有一些俗名，如"恶魔熊"、"臭鼬熊"和"贪食者"，甚至它的粗野的学名 *Gulo gulo*，都表明了在貂熊和仁爱之间存在着一道鸿沟。必须指出的是，很难在野外找到一头貂熊。它们是独栖的，而且非常怕人。它们到处乱逛，今天在这里，明天在那里，然后就杳无形迹了。

貂熊的野蛮行为并不是我想避开它的原因。真正的原因是我发

图 10　一只貂熊(图版来自 F. H. van den Brink 所著，Hans Kruuk 和 H. N. Southern 所译的 *A Field Guide to Mammals of Britain and Europe*，[Boston；Houghton Mifflin，1968]，为 Paul Parruel 所画)。

现貂熊是荒野的体现，我知道如果在地球上还存在貂熊嚎叫的地方，一定是块无人打扰的栖息地。我确信它们将会继续生活在广阔的亚北极森林以及北美或欧亚大陆的一些地方，那里不容易乘车或步行到达。野生动物学家需要先了解貂熊的基本状况，然后才能去保护它们，但是我希望在它们分布区的偏僻地方，不仅应该对狩猎者设置障碍，而且也要让科学家们止步。请让一些貂熊永久保持一种神秘状态吧。

一天，当我拜访位于米苏拉的蒙大拿大学的时候，一位生物学教授给我讲了一个爱听的故事。他说，一个邻居在自己后院设置了自动拍摄照相机(camera trap)。这个房子非常靠近"响尾蛇荒野"(the Rattlesnake Wilderness)的边界(荒野从米苏拉沿着洛矶山脉内部的森林廊道一直延伸)。自动拍摄照相机可以拍摄那些触到了绊网或破坏了电子束的动物，特别擅长给那些稀少的、怕人的夜行动物拍照，否则人很难看到。在一些最近拍到的夜间照片中，你猜猜发现了什么？是一只貂熊。尽管已经知道有一些貂熊从加拿大跑到了美国，但是人很少能有机会看到，哪怕仅仅是一只。 知道它们的存在已经很令人激动了，它们还可能已经偷偷地短暂访问过这个邻居家了。

这个事情证明了环境伦理上的"灰色大熊效应"（the Grizzly Bear Effect）。 我们可能从来没有亲自看到过这种稀少的动物，如狼、象牙喙啄木鸟、大熊猫、大猩猩、巨型鱿鱼、大白鲨以及灰色大熊等，但是我们需要它们作为一种象征；它们表明了世界的神奇。它们是"造物"王冠上的宝石。 知道它们还在一些地方生活而且过得很好，对于人类的心灵，对于我们的整个生活都是非常重要的。如果它们还活着，那么大自然也就活着，当然我们的世界就会变得更安全，我们也会变得更好。 想象一下下面这个标题会带来的震撼：随着最后一只老虎被射杀，这个物种宣布灭绝。

干 草 叉 蚁

我是这样看待物种的：杰作和奇迹。 我希望自己的寿命能长一点，能看到"大灰熊效应"延伸覆盖到一些小的生物。 我承认，这种令人愉快的关注并不是一种与生俱来的爱好，但它能带来情感上的乐趣。 我最喜欢的例子是 *Thaumatomyrmex* 属的一种蚂蚁。 其学名的希腊文含义是"奇妙的蚂蚁"。 这个属包括 12 个物种，分布在新大陆热带的不同地区，它们差不多是世界上最稀有的蚂蚁了。 在我的整个职业生涯中，在我多次到访可能分布有 *Thaumatomyrmex* 属蚂蚁的地区后，我也只采集到了 2 个标本。 捉到一只蚂蚁个体或是更引人注目地找到一个完整的蚁群，在蚂蚁生物学研究者（当然不是很多人）中都是一个很值得报道的事件。

Thaumatomyrmex 属蚂蚁不是那种我们经常看到的，从木头和田地中的土质巢穴中爬出，根据气味痕迹成群地爬来爬去的蚂蚁。 它的聚居地非常小，只包括最多 10 到 20 个成员，隐藏在热带森林底部腐烂的树木片段中的不规则巢穴里。 蚂蚁单独出去捕猎食物，它们不顺着痕迹行动，独自把猎物搬运回家，而不需要其他蚂蚁的帮助。

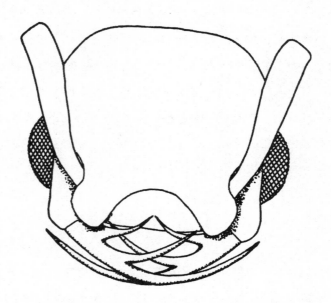

图 11　来自委内瑞拉 Isla Torula 的 *Thaumatomyrmex paludis*的头部（引自 Neal Weber，"The Genus *Thaumato-myrmex* Mayr with Description of a Venezuelan Species〔Hym：Formicidae〕" *Boletin de Entomologia Venezolana* 1，no 3〔1942〕：65—71）。

Thaumatomyrmex 属在蚂蚁鉴赏家中的名气不是来自于它们的稀少，而是由于它们独特的解剖构造。 它们的头和已知的其他蚂蚁种类完全不同：很短，前端凹，有着干草叉一样的巨大下颚。 "牙"或者是说颚的尖段当颚闭合的时候会拉伸得很长，最大的一对绕着头

的相反一侧弯曲，钉死在后缘背后。 这些奇怪的工具有什么功能呢？ 确实是很有意思的一个问题。 蚁学家已经研究了具有古怪形状下颚的各种蚂蚁，它们的特征总是表明有某种高度专门化的目的。 兵蚁在战斗中使用像镰刀一样的下颚，用顶端像针一样去刺穿对手的皮肤。 悍蚁属的亚马逊蚁在突袭中使用马刀形状的下颚去杀死防卫者。 很多属的蚂蚁用延长的下颚像动物陷阱一样突然咬住猎物。 至少有一种这样的蚂蚁，如果按照人的比例的话，牙齿运动得可以比来复枪的子弹还要快。 按比例来说，它们下颚的关闭是已知动物世界中速度最快的动作。

    Thaumatomyrmex 属的下颚和上述蚂蚁的各种形状都不同。 那么它们究竟是起什么作用呢？ 为了探寻这个秘密，我曾经花了 4 天时间徒步穿越一段哥斯达黎加的雨林，在那里曾有昆虫学家采集到这种蚂蚁的标本。 当时是又沮丧又泄气，我发现这不是一个人能完成的工作。 于是我就在蚂蚁生物学家的通讯《地下笔记》(*Notes from Underground*)上刊登了一则求助信息。 我写下了自己在进入这片"天空中的大雨林"前，最想了解有关这种蚂蚁的很多事情。 我心中最迫切需要解决的一个谜团就是 *Thaumatomyrmex* 属蚂蚁用它的干草叉下颚做些什么事情。

    求助果然起作用了。 对于一个年轻的科学家来说，没有什么能比在年长者面前显露本事更令人满足的事情了。 没过多久，两个年轻的巴西昆虫学家就观察到一只 *Thaumatomyrmx* 属蚂蚁在运送猎物。 他们一直追踪直到它返回巢穴，发现蚂蚁专门捕食倍足纲节肢动物。 这在后来也被一个德国昆虫学在亚马逊的一个地方所证实。 大部分倍足纲节肢动物，因为有很多足而被人们称之为"千足动物"，它们通常体外覆盖有一层厚厚的甲壳质保护层，避免受到蚂蚁或其他敌人的袭击。 多毛的节肢动物的外壳很柔软，靠又长又密的刚毛来保护自己。 所以它们可谓是倍足纲节肢动物中的豪猪。*Thaumatomyrmex* 属蚂蚁则是"豪猪"猎人，它们顺着刚毛滑动于草叉下颚的齿尖，刺进毛马陆目动物的体内，然后把猎物带回巢穴。它们用前腿上专门的"刷子"刮掉刚毛，就像农夫拔鸡毛一样，然后切开尸体，与伙伴们一片片地分享。

最伟大的遗产

对于职业的博物学家和严谨认真的业余博物学家来说，像貂熊和*Thaumatomyrmex* 属蚂蚁一样，物种身上具有与生俱来的数不尽的奇迹。 它们在科学上的重要性可能会很小，也可能会产生范式的突破，在个体上它们小到细菌和藻类，大到鲸鱼和红杉。 对于那些喜欢冒险和从身体到精神上挑战真实世界的人来说，大自然就是地球上的天堂。 牧师，我们确实都同意这一点。 不管你相信它是由上帝安排在地球上也好，还是接受它是经过数十亿年的自我进化也好，"造物"是除了推理的心以外，提供给人类的最伟大遗产。

7

野 性 与 人 性

　　我们同自然的关系是原始的。 在被遗忘的人类史前时代唤起的情感，是深厚的和埋藏于内心深处的。 就像在记忆中被遗忘的童年经历一样，它们通常能感觉得到，但是很少是连续的。 诗人代表着表达人类情感的最高水平，也在做着尝试。 他们体验到了，在我们的表层意识下流动着一些重要的值得珍藏的东西，它唤起了你我共同的灵性。

　　现在已经出现了这样一种独特风格的文学形式，其中蕴藏着保护自然的冲动。 美洲印第安人的著名画家乔治·凯特林，在他 1841 年的笔记中很好地表达了这种创造性的冲动：

大自然的很多作品是粗放和充满野性的，它们命中注定要死在勤于耕作的人类的手中和斧下；在关于生命，关于野兽和人的等级地位中，我们经常可以发现令我们羡慕的高贵印记或是漂亮颜色；甚至在文明的不断进步过程中，我们也喜欢去关爱它们的存在，尽力使它们保持在原始状态。

大自然对于人类心灵的吸引可以用一个更现代的词语来表达，那就是"热爱生命的天性"（biophilia），这是我在1984年提出的一个概念，意思是说人类天生具有对生命和生命过程的亲近倾向。从小孩到老人，不管什么地方的人都会被其他物种所吸引。生命的新奇和多样性是值得令人尊敬的。如今，描述了对未知生物充满无穷想象的"地球外的"这个词，已经代替了过去的老词"异域的"，后者描述了早期的旅行者到达未命名的小岛和远方的丛林。为了探索和追溯生命，把现存的生命转化为充满情感的象征，把它们塑造为神话和宗教（这些很容易被认定为是亲近生命的文化进化的重要过程）。这种亲近有一种道德上的结果：我们对别的生命形式了解越多，我们关于它们多样性的知识就会越多，我们就会赋予它们更高的价值，这肯定也会给我们带来更大的价值。

现在已经产生了两个新的学科，用一种系统的方式来表述"热爱生命的天性"和"保护自然"这两个相近的话题。环境心理学研究人类心理发育与环境关系的各个方面。保护心理学则聚焦于研究"热爱生命的天性"的各个方面，以帮助设计最有效的措施来保护自然环境和物种。

在人类心理的发育过程中，感悟到生物界和人性应该统一起来，就像科学和宗教应该联合起来一样。我们同其他生命，同爱，同艺术，同神话，同融入文化的破坏性的关系是本能和环境相互作用的产物。 这种本能就是我们所谓的"人性"。

准确地说，什么是人性？ 这在科学和哲学上都是一个重要的命题。 不是由基因规定了人性，它也不是像乱伦禁忌、成人礼、创世神话这样的文化概念。 那些都是人性的产物。 人性倒不如说是心理发育的遗传规则。 这些规则通过分子途径来表达，这些分子产生了细胞和组织，特别是感官和神经系统。 这些规则也在细胞和组织水平表达，从而产生了思想和行为。 它们表明我们觉察和理解这个世界存在着偏差。 它们作为语言和符号编码出现，由此我们能够描述这个世界。 发育规则不是绝对的，实际上，它们给我们提供了选择权，提供了比其他东西更令人愉快的选择，例如选择音乐而不是选择孩童的哭声。

关于发育规则，还处在心理学家和生物学家研究的早期阶段；即使是这样，我们所了解的一些内容已经反映了行为和文化的多样性。它们影响到我们如何按照细胞受体的原始编码和视网膜的传输来识别颜色。 它们使我们对按照事物的抽象形状和复杂程度进行视觉设计的审美存在偏好。

在一个完全不同的领域，发育规则决定了我们会感到厌恶和恐惧的东西。 大多数人很快就害怕那些威胁到史前人类的东西，如蛇、蜘蛛、高度、封闭的空间和其他一些危险。 激发这种深度恐惧感的往往是一次令人恐惧的经历。 被路上一个突然蠕动的东西吓了一跳，会让你脑海里很快浮现出蛇的形象。 我用一些方式来逃避这种恐惧。 实际上，我一直很喜欢去捕捉和摆弄那些蛇，从我小时候起就这样了。 另外，我有些怕蜘蛛，那是因为在我 8 岁的时候突然被一个园蛛织的网给缠住了。 我喜欢探索洞穴，不存在幽闭恐惧症，

图 12　像蛇一样的人的可怕力量在大多数人类文化中都有所体现。 这
里描述了安第斯山脉像蛇与猫结合体一样的人，或许就是英雄"斩首
者"。（引自 Balaji Mundkur, *The Cult of the Serpent*［Albany：State
University of New York Press，1983］，p.129）。

但是由于在我小时候经历过一次拙劣的手术麻醉，造成了当我的胳膊
被固定以后，甚至当想到脸被蒙起来都会感到恐惧。 总的来说，我
还是很具代表性的。 每个人都有这种古老的、厌恶的、刻骨铭心的
经历和印象，只有一些幸运者完全没有经历过这些事情。

　　同与生俱来的对远古恐惧的敏感形成鲜明对比的是，人们对于
刀、枪、汽车、电源插座和其他现代生活中的危险物品的恐惧却较
少。 科学家们认为，形成这种区别的原因在于，正在进化的物种还
没有足够的时间把这些新的威胁固定在大脑里。

　　"热爱生命的天性"是什么？ 一个很好的例子就摆在眼前。 研
究者们发现，包括北美、欧洲、亚洲和非洲在内的具有不同文化背景
的人，在给予权利去选择工作和生活地点的时候，他们倾向于选择的
环境有如下三类特征：他们喜欢住在高处，可以远眺和俯视远处散落
分布着乔木和灌木的风景区；喜欢接近稀树大草原而不是草坪和封闭
的森林；喜欢靠近水体，如湖泊、河流或大海。 虽然这些要素纯粹

都是审美上的而不是功能上的，就像在度假屋一样，但是人们还是愿意为获得它们支付很高的价格。

这里还有更多的例子。选择题测验的结果表明，人们希望自己住的地方背靠墙壁、绝壁或是其他坚固的东西；希望自己居住的空间前面可以看到肥沃的土地，喜欢大型动物在周围零散出现，无论是野生还是家养的都可以。此外，他们还喜欢树木有着茂密的树枝和凌乱的树叶。这也许并不是一个巧合，很多人包括我在内，都认为日本枫是世界上最美丽的树种。

图 13　一棵日本枫（鸡爪槭）（照片为 Peter Gregory 所摄，引自 J. D. Vertrees，*Japanese Maples：Momiji and Kaede*，3rd ed. [Portland，Oreg：Timber Press，2001]，p. 67，经允许使用）。

人性中这些古怪的举动虽然不能证明，但是至少可以与人类进化的热带稀树草原假说相一致。有相当多的化石记录证明，今天人类潜意识中选择的栖息地，和千百万年前的史前时代在非洲进化时的环境十分类似。古老的祖先希望隐蔽在灌木林中，向外望去是稀树大草原或是过渡的林地，观察着野外要追踪的猎物，要觅食的倒毙动物、可采食的植物以及要躲避的敌人。附近的水体可以作为领地的边界以及提供食物来源。

总的来说，人们强烈地意识到他们天生的偏爱，但是很少有人思考甚至根本没人想过为什么他们的想法和别人如此一致。我曾经在杰拉德·皮尔［一个杰出的作家、发行人，《科学美国人》（*Scientific American*）的创办者］的家里吃晚饭。我知道，他不愿意接受有关遗传的人性的想法。所以我很乐意和他一起在他复式公寓的排列着盆栽灌木的阳台上溜达，和他一起凝望几层楼下的中央公园的林地、稀疏的草地和蓄水湖。我可以想象那些东西会给这个公寓增添很多商业价值，感谢我们的非洲祖先给我们带来的选择。

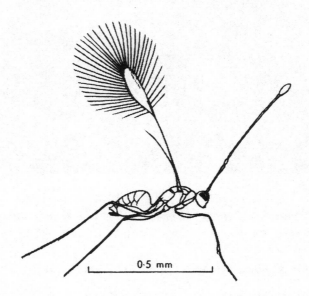

图14 一只柄翅卵蜂（缅甸的物种）（得到澳大利亚联邦科学与工业研究组织昆虫学部的允许，引自 E. F. Riek, "Hymenoptera," in *The Insects of Australia* ［Melbourne：University of Melbourne Press，1970］，p.916）。

在人类的本能中残存着栖息地选择的偏执，这是不是很奇怪呢？按设定好的方式寻找合适的环境是动物的一般本性，最重要的原因是为了满足生存和繁殖的需要。作为一个昆虫学家，我最喜欢的例子就是柄翅卵蜂，一种把卵寄生在龙虱身上的小黄蜂的行为。它到处飞行，找到适宜交配的区域后，雌蜂开始寻找猎物。它降落在一片合适的能够托住卵的水体表面，靠着水的表面张力站立在那里，然后用爪子去挖掘来摆脱张力，因为它实在太轻了而不能潜入水下。它用自己的翅膀作为船桨向水下游去，到达水底后，像采珍珠的蛙人一样到处游动，寻找龙虱的卵，然后把自己的卵产入其中。所有这一切都是在一个比笔尖点出的圆点还要小的脑子的指挥下完成的。

再回过头来看人类，会很特别地发现人类关于祖先世界的所有学习效应规则在过去的几千年中已经被擦除了，但人类的大脑不是一张白纸，从来都不是。

考虑到自然世界仍然铭刻在我们的基因中，没有被彻底消除，我们应该知道它的影响不仅存在于我们对栖息地的偏好上，也存在于我们的心理和身体健康的各个方面。心理学家已经发现，哪怕只是看一眼自然环境，特别是草地和稀树草原，通常都会使恐惧和愤怒的情绪有所缓解，产生一种非常宁静的感觉。在一项研究中，那些被允许朝外观看树木的手术后病人恢复得较快，而且比那些经历同样治疗过程，但是只能看到建筑物墙壁的病人需要更少的止痛药和减少焦虑的药物。类似的情况是，关在牢房里的囚犯如果可以看到附近草地的话，将会比那些只能看到天井的犯人要更少生病。同样，当周围可以看到自然环境的时候，公司职员的压力感会有所减轻，而且会增加工作的愉快程度。

能够看到自然景色的牙科病人，血压较低，焦虑程度有所减轻，这进一步支持了人类的栖息地选择假说。 精神病人在面对各式各样的墙壁绘画时，表现出对描述自然景色的图画有着特殊的偏爱。 在关于病人对墙壁绘画进行攻击的 15 年间的记录中，所有的案例都是针对抽象画的，没有一件作品是直接描述自然的（安慰一下抽象派画家：这个报道并不是批判，我知道你们的目的并不是为了让人平静，而是有其他目的）。

虽然这些证据和别的一些被引证的相关案例总体上还是支离破碎的，但却告诉我们，在人类和其他生命亲密生活的历史长河中，很多人性在基因中进行了编码。 今天，大部分国家的人很少考虑这种联系。 他们已经把其他生命逼到了边缘，按照个人关心程度排列这些生物衰亡的次序。 但是我相信，随着对人性和生物界的科研工作的开展，这两种人类的创造性力量将会融合在一起。 核心伦理将会发生改变，我们将会回过头去爱护所有的生命，而不仅仅是珍爱我们人类自己。

二 衰退和补偿

　　人性被无知和自私自利所蒙蔽，正在摧毁着天地万物。
现在我们仍然有时间去管理属于未来人类后代的自然世界。

图 15 美国东南部的三种濒危淡水鱼。 从上到下依次是三点镖鲈（*Etlteostoma trisella*）、冲锋镖鲈（*Etheostoma phytophilum*）和道格镖鲈（*Etheostoma douglasi*）（版权为 Joseph R. Tomelleri 所有，引自 Herbert T. Boschung Jr. and Richard L. Mayden, *Fishes of Alabama*〔Washington，D.C.：Smithsonian Books，2004〕）。

8

地球的贫瘠化

牧师，你已经知道了，按照化石证据和科学家的最准确计算，最后的恐龙是在 6500 万年前突然从地球上消失的。它们的灭绝是环境末日的一部分，很符合《启示录》上的说法。一个巨大的陨星，燃烧着冲入大气层，然后撞击在地球表面。它在当今墨西哥的尤卡坦半岛这个地方造成的影响，引发了巨大海啸袭向周边海岸，把大量灰尘抛入空中。它像敲钟一样撞击了地球的外壳，在世界范围内引发了火山爆发。火山喷出物遮蔽了天空，改变了全球的气候。所有这些效应使得陆地和海洋对于大多数植物和物种而言变得不再适宜生存。科学家们把这个事件作为中生代(爬行动物时代)的结束和新生代的开始(哺乳动物时代)。

中生代终点的大灭绝事件是有先例的。在那之前的 4 亿年中，地球上已经发生过 4 次大灭绝了。这之间还存在多次的小灭绝事件，但那 5 次大灭绝是地区上生命真实历史的制造者。

图 16　萧氏凤蝶，一个仅分布在佛罗里达礁岛群某小岛上的极度濒危的种族（引自 Susan M. Wells et al., eds., *The IUCN Invertebrate Red Data Book* [Gland, Switzerland: IUCN, 1984], p. 427）。

现在第六次大灭绝已经开始，这一次是由于人类活动引起的。虽然它不是被宇宙蛮力引导的，但是它可能和早期的灾难一样令人恐惧。按照一组科学家在 2004 年的估计，如果现在的气候变化趋势没有减弱的话，到 21 世纪中叶，它将会成为地球上四分之一动、植物物种走向灭绝的最主要原因。

地球上已经消失的物种可以列出很长的名单。自 1973 年美国国会通过了《濒危物种法案》（the Endangered Species Act）来遏制生物物种丧失以来，美国还是有 100 多个物种消失了。灭绝的物种包括：科奎鹩鸪，一种波多黎各树蛙；加利福尼亚的珠灰蝶亚种；巴赫曼氏鸣禽，美国东部的一种迁徙鸟类；关岛的三种特有鸟类，包括一种绚丽多彩的蜜雀。 在过去的25年中，美国鸟类物种的丧失数目在全球排在前列。 这个数字是5种或7种，数字差异取决于其中两个是作为物种还是仅作为地理上的亚种。 其中大部分的物种灭绝发生在夏威夷岛上，这是世人皆知的美国"灭绝之都"和世界上生物多样性遭受最严重蹂躏的热点地区之一。 当考虑所有动、植物的时候，另外一些国家的物种灭绝数量就达到甚至远超美国了。 例如，马来西亚半岛的266种特有淡水鱼、菲律宾群岛拉瑙湖中18种特有鱼类中的15种和非洲维多利亚湖的50种鲷科鱼类都已经灭绝了。

图17 一种最近消失的鸟，新西兰丛异鹩。 最后一个种群在20世纪70年代由老鼠导致灭绝（引自Tim Flannery and Peter Schouten, *A Gap in Nature*：*Discovering the World's Extinct Animals*［New York；Atlantic Monthly Press，2001］，p.169，版权为Peter Schouten［2001］所有，得到Grove/Atlantic公司的授权使用）。

地球上生物多样性的减少是由人类活动增强的多种因素引发的未能预计到的后果。 按照各种因素破坏程度的大小进行排序，首字母拼接起来就是HIPPO。

H：栖息地丧失，包括人类导致的气候变化引起的栖息地丧失；

I：入侵种（有害的外来种，包括捕食者、病原生物、取代本地种的优势竞争者）；

P：污染；

P：人口过剩，其他四个因素的根源；

O过度收获（狩猎、捕鱼，采集）。

当一个物种的数量不断减少并走向灭绝的时候，通常不是仅有一种因素而是有两种甚至更多种因素在其中起作用。如在海洋中用底部拖网过度捕捞（O），同时会摧毁鳕鱼和黑线鳕等物种的洋底栖息地（H）。栖息地的破坏（H）使得一种濒危鸟类或其他物种被限制在狭小的种群中，这样的物种对侵入的捕食者和疾病（I）、污染（P）和过度收获（O）变得非常敏感。很多保护生物学研究致力于分离这些有害的因素，以确定它们各自的影响，然后再研究如何消除这些因素。

温带和热带的生物多样性丧失存在很大的区别。首先，生物多样性的绝大部分存在于热带地区：地球上已知动、植物物种的一半以上存在于热带雨林。丧失的格局也存在不同。在过去的两千年中，最早是在温带国家砍伐森林比较严重，砍伐从中东地区扩展到地中海、欧洲、北亚，一直到北美，直到 20 世纪，森林破坏才进入热带地区。

现在，温带森林已经开始有少量的得到了恢复，特别是在欧洲和北美地区，自 20 世纪 90 年代以来森林覆盖率增加了 1%。然而，热带森林的面积仍然在萎缩，在同期减少了 7 个百分点。在 1970 年到 2000 年间，当更多的可耕地被开发以后，温带草原的物种规模减少了 10%。而这段时期，热带草原物种的衰亡速度要远远高于温带地区，那是令人难以相信的数字，达到了 80%。

　　淡水生态系统受到的压力甚至比森林和草原还大。 人类使用了经蒸发和植物蒸腾作用释放到大气中的可利用水资源的 1/4，以及来自河流和其他自然渠道的径流的一半以上。 从美洲大平原到中国黄河流域，再到沙特阿拉伯的灌溉沙漠，我们很快就会抽干全球各地的蓄水层。 到 2025 年，世界上将会有超过 40% 的人口生活在慢性水短缺的国家。 在地球上包括海水在内的所有水资源中，淡水只占到2.5%，其中的大部分仍封存在地球的冰盖里。

　　单位面积内物种濒危率最高的是淡水生态系统，这一点并不奇怪。 淡水生态系统包括了地球上生物多样性的很大一部分，如 2.5万种已知鱼类中的 1 万种。 世界上很多河流已经接近中国河流的命运。 主要是由于污染，中国 5 万公里主要河道的 80% 已经不能再支撑鱼类的生存。 很多湖泊也落入了中亚咸海的命运。 从 1960 年到2000 年，由于阿姆河和锡尔河的阻断，咸海面积已经萎缩了一半，它的盐度增加了差不多 5 倍，渔业彻底崩溃了。 伴随着咸海灾难的间接后果是，159 种鸟和 38 种哺乳动物也从这两个河流三角洲地区彻底消失了。

　　在热带浅水珊瑚礁中，由于气候变暖、污染、炸鱼、人工航道分割和挖掘建筑材料，"海洋热带雨林"的生物多样性也在全球范围内减少。 在牙买加和其他加勒比海群岛附近的很多珊瑚礁已经消失了。 甚至世界上面积最大、保护最好的珊瑚礁——澳大利亚的大堡礁，在 1960 年到 2000 年间的覆盖面积也减少了约一半。 总的来说，地球上约 15% 的珊瑚礁已经消失或是处于亟待修复的状态。 如果现在这种下降趋势持续的话，那么在今后的 30 年内，还会再丧失三分之一的珊瑚礁。

　　在人类的逼迫下，甚至深海都不是安全的地方。 处于高营养级的鱼类，个体较大，具有经济价值，例如鳕鱼和金枪鱼，在1950年到2000年间由于过度捕捞而迅速减少。

虽然可以通过遥感和地面调查等方法来估量生态系统的破坏程度，但是还是很难估计物种灭绝的速度。灭绝意味着要确认全部个体已经在所有地方消失。一些动物，例如大型鸟类和哺乳动物，特别是那些行动迟缓而又味道鲜美的种类，比其他生物更容易灭绝。例如马达加斯加的象鸟，新西兰的一种类似鸵鸟的恐鸟，以及北美大部分体重超过10千克的哺乳动物。对于被局限在一两条淡水河流中的鱼类来说也是这样。大部分昆虫和其他小型生物很难被鉴定和监测，阻碍了精确地进行普查。即使这样，生物学家还是使用了很多非直接的分析方法，认为至少在陆地和淡水生态系统中，当前的灭绝速度是现代人类出现以前（大概15万年前）的100倍。100倍是一个数量级或是估计的最接近的十位数。换句话说，灭绝速度可能是人类史前基数的50倍到500倍之间。当现在被列为濒危的一些物种相继死去的时候，当最后保留的一些生态系统遭受破坏，其中的物种被彻底清除的时候，灭绝的速度肯定会增长到1000倍甚至是10000倍。

保护生物学家近来特别关注地球上已知的5743种两栖动物的境况，包括青蛙、蟾蜍，蝾螈及蚓螈（一类有着蛇一样体型的热带物种）。很多专家认为，在过去的30年中，这些动物的数量显著减少，这也预示着地球上其他动物和植物的多样性也同样在减少。

20世纪80年代，在地球上并不相邻的一些地方几乎同时察觉到两栖类危机的先兆。在接下来的10年中，青蛙和蟾蜍的物种灭绝得到了公认，并且被称之为"两栖类减少现象"（the Declining Amphibian Phenomenon）。在2004年，一个两栖动物国际专家组公布了多年研究的结果：世界范围内，32.5%的两栖类被划为"受到灭绝威胁"的物种，与之相对应的是，爬行动物有12%，鸟类有23%，哺乳动物有23%。很多物种已经被《IUCN 红皮书》(the Red List of the International Union for the Conservation of Nature) 指明为"极危的"(critically endangered)；34 个两栖类物种已经被确认灭绝，其中9 种是 1980 年以后灭绝的。1980 年以后有 113 个物种被划为"可能灭绝的"(possibly extinct)，对于这些物种，已经不能再发现新的标本，但是只有等到搜寻工作持续很长一段时间仍然毫无结果的时候才能正式宣布它们的灭绝。

海地两栖动物的生存状况生动地证明了这个正在进行的生物大灾难（称之为什么都不为过）。这个很小的加勒比国家已经破坏了99%的森林，污染了所有的河流。在这片曾经以丰富的热带景观和富足的动、植物资源为傲的陆地上，已知的 51 种两栖类已经有 47 种处于"受威胁"(threatened)状态。其中的三分之二，或者说 31 种，被认为是"极危的"，在将来可能会完全灭绝。有 10 种被认为处于"濒危"(endangered)状态，还有 5 种被认为是处于"易危"(vulnerable)状态。

很明显，栖息地的丧失和污染是海地两栖动物数量减少的主要原因。这些被人类释放的致命力量可以单独起作用，但更为可能的是共同作用而产生影响。这些都是人类活动的无意识的结果。栖息地丧失是美国西部、西班牙、西非和印度尼西亚两栖类数量减少的最主要原因。受气候变化影响而加速的栖息地丧失对中美山区和巴西的大西洋雨林的破坏最大。一种致命壶菌的传播在中美和澳大利亚东北部热带地区成为关键因素。而对青蛙的过度捕杀则是东南亚大陆的主要问题。

　　"青蛙科密特"（Kermit the Frog），用一个词来形容它的境遇，就是病态的。　生物界的其他物种在不同程度上也是同样的情况。　人类会走上同样的道路吗？　也许会，也许不会。　但是可以肯定的是，我们是这个时代的巨型陨星，已经开始了显生宙历史的第 6 次大灭绝。　我们正在制造一个不稳定的，毫无生趣的世界让子孙后代去继承。　他们将会比我们更了解和热爱生命，但他们不会获得和我们一样的回忆。

9

否认及其风险

亲爱的牧师，我最害怕的是宗教和世俗观念的普遍联合，认为破坏"造物"的害处不大，甚至没有害处。下面的演讲来自一个空想家之口，他认为生物多样性很不重要，只看到人类从自然获取利益而不是给予其利益。他对那些要拯救野性大自然的人说：

兄弟姐妹们，不要为那些很快就要从地球上消失的东西哭泣。生命在变化，灭绝往往是件好事情。我们应该庆祝人类作为生命的新主宰，应该把这个被掠夺的星球作为新的生物圈。让任何阻止这一进程的物种从地球上彻底消失。在人类出现之前，总会有生态系统和物种的变化。即使今天的世界增进了人类的福利，但是变得生物枯竭，我们人类也是没有任何危险的。当一种资源耗尽的时候，我们的科技天才将会发现其他的新资源。

诸位，看看太空，看看天堂。不要认为灭绝了动、植物就是给后代酿了一杯苦酒。我们可以像保护历史旧建筑一样保留一些自然公园，留给我们去回忆过去。也许我们可以用先进的生物工程去创造新的生态系统，在其中保存一些我们人类创造的物种。谁又知道将来会创造出怎样奇妙的物种呢？它们将会是艺术的产物，在很多方面更加漂亮和适用。一个改造过的优越环境将会替代原先那个旧的原始生存环境。

将来技术的力量，也许能顺应天意，给人类创造一个从来没有如此繁荣过的完全人性化的环境，一个人类自己创造的伊甸园。这就是一个高等智能生物预先设定的发展轨道。我告诉你，它是我们的天命。在将来，可以从化学品中合成大量药物，可以通过十几种基因增强的作物增加食物来源，可以通过使用计算机管理的可持续能源来控制大气和气候。这个古老的地球将会像几十亿年前一样继续在太空中运转（或者，你更喜欢说的6000年）。这个星球将会成为一个实实在在的，而不是比喻意义上的宇宙飞船。我们最优秀的人将会坐在这地球之船的驾驶舱里，注视着监视器，操纵着按钮，保卫我们的安全。

这就是"例外论"（exemptionalism）的哲学，假设人类地球的特殊情况能使我们人类超越自然法则。"例外论"有两种表现形式。第一种是世俗主义，即现在不要去改变，人类的天才将会做出改变。第二种是宗教主义，即现在不要去改变，我们在上帝或是众神的掌控之中，无论如何，这都是地球的命运。

通过一连串的否认，人类命运中快乐的信念就摒弃了其他生命。否认的第一个阶段会问，为什么要担心？灭绝是个自然现象。在几十亿年的历史中物种的丧失并没有对生物圈造成明显的损害。新的物种会不断产生，以取代那些已消失的类群。

就通常情况而言，这确实是正确的，但是存在可怕的扭曲。除了大约一亿年一次的大陨星撞击或是其他灾难外，地球上从来没有经历过像现在这样由人类一个物种主宰世界的情况。当前地球上物种的灭绝速度至少在新物种形成速度的 100 倍以上，很快就会增加到 1000 倍。随着能够产生进化的地点的丧失，新物种形成的速度会大大降低，物种数量会急剧下降。在任何对人类有意义的时间尺度内，生物多样性都不可能恢复到原先那种水平了。

否认的第二个阶段会问这么一个问题，为什么我们需要那么多的物种？为什么要在意它们？特别是物种的大部分是虫子、杂草和细菌。一个虔诚的"例外论"学者可能会认为科学发现的许多生物，包括线虫、轮虫、颚咽动物、甲螨、古菌等，甚至都没有在圣经里被提到过。这就很容易忽略那些令人毛骨悚然的爬行动物，忘记仅仅在一个世纪以前，即现代保护运动开始之前，野生的鸟类和哺乳动物同样不受人重视。仅仅只有 40 年，旅鸽的数量就从上亿只降到零。美丽的卡罗莱纳鹦鹉从一种很普遍的果园害鸟变成了人们永恒记忆中的一部分。北美野牛和它的欧洲亲戚高加索野牛，消失在几百支来复枪下。现在它们正在恢复，但也是很有限的。人们今天才了解到，由于人类的贪婪，已经失去了什么或是几乎失去了什么。他们需要及时重视那些远离人们视线的生物的价值。

人们将更加广泛地分享生物学家获得的知识，正是这些不起眼的生物无偿帮人类管理着地球。 每一个物种都是进化的杰作，精巧地适应其生存的自然小生境。 我们身边幸存的物种都是经过数十亿年的进化而来的。 它们的基因已经被严酷的自然选择测试了一代又一代，是用数不尽的生与死的经历记录下的编码。 毫不关心地把它们灭绝将是一个悲剧，将会永远萦绕在人类的记忆里。

即使承认了那么多，否认的第三个阶段还是不出意外地出现了：为什么要现在去保护生物多样性？ 我们现在还有很多更重要的事情要做。 应该优先发展经济、解决就业、增强国防、扩大民主、减少贫穷和提高医疗水平，等等。 为什么不收集每个物种的活体样本，集中在动物园、水族馆和植物园中，将来再重返野外呢？ 是的，这种拯救措施可以作为最后的解决办法；事实上，这些措施已用于救护一批处于濒危边缘的动物。 这个成功值得庆贺和表彰，下面让我来向你介绍一下。 最引人注目的例子是新西兰东部群岛——查塔姆群岛的黑色知更鸟。 到1980年，移民者引入的老鼠和野猫把这种曾经数量很多的知更鸟弄得只剩下一对雌雄成体了。 于是它们被关起来交配繁育幼鸟，现在它们的后代又被重新放回其原始栖息地，群岛中的两个岛屿。 这可以算得上是保护历史上的侥幸脱险的一个案例。

另一个复活的案例来自毛里求斯鹰隼，一种生活在曾经庇护着渡渡鸟（dodo，世界灭绝物种的象征）的印度洋区域的个体很小的黄褐色鹰隼。 到1974年，环境中的杀虫剂污染使得这种鹰隼的野外种群数目减少到只有4只。 就像前面说过的查塔姆群岛的黑色知更鸟一样，这几只鸟被抓起来繁殖，现在它们的后代已经可以在毛里求斯峡谷两岸残存的森林上空俯冲捕猎了。 其他差点成为化石记录种的物种还包括加利福尼亚秃鹫，全美洲翼幅最宽的一种鸟类，在被捕捉繁育后已经野外放回到大峡谷；漂亮的麋鹿原生活在中国东北部的湿地

图 18　查塔姆群岛幸存的最后一只年老、沮丧的雌性黑
色知更鸟，她是现存的黑色知更鸟的祖先（照片为 Don
Mertan 所摄，引自 David Butler and Don Merton，*The
Black Robin*［New York：Oxford University Press，
1992］.p.149）。

和森林里，由于捕猎已经濒临灭绝，仅存于动物园和公园中（不久将
会放回到东北的森林和湿地）；夏威夷群岛的莱岛鸭，从 7 只幸存者
增加到现在的 500 只；美洲鹤，北美中心地带优雅风度的象征，在
1937 年其数量曾经下降到了只有 14 只，并且一度被认为已经消失，
现在已经壮大为 200 只以上的一个种群。

　　一个新的却已是闻名遐迩的复活候选者是象牙喙啄木鸟。这种
鸟体形硕大，是美国南部一种最典型的鸟类。它常常在当地被称为
"上帝鸟"（一些人看到这种鸟的时候会惊呼"哦，上帝啊，那是什

图19　一只象牙白喙啄木鸟（引自 James C. Greenway Jr.，*Extinct and Vanishing Birds*［New York：American Committee for International Wildlife Protection，1958］，p. 358）。

么？"），在路易斯安那州的辛格区（Singer Tract）新砍伐的林地中发现了最后一只，在1944年被认为已灭绝了。 多年来一直有人在少量残存的象牙喙啄木鸟喜好的栖息地——发育成熟的河边低地森林中搜寻这种啄木鸟。 偶尔会传来谣言说它们被看到了——它们是博物学家们最喜欢的小道消息——但是没有一次能得到证实。 当希望逐渐消退的时候，象牙喙啄木鸟成为了鸟类学的"圣杯"，只有那些迷恋这些鸟的人才会追寻。 在2005年的春天传出了令人振奋的消息：在阿肯色州东部的凯奇河国家野生保护区（the Cache River Wildlife Refuge）的洪泛区森林中发现了一只雄性象牙喙啄木鸟，已经被专家们证实目击了超过 8 次。 在照片和录影带中，它有着红色的有尖的头冠，白色的原色非常明显。 它存活的数量必定很少，考虑到这片森林需要 5—15 平方英里才能支持一对鸟的生存，那么整个凯奇河保护区在理想情况下大概可以支持 20—60 对象牙喙啄木鸟。 当然，也可能在 2005 年的多次记录都是同一个个体。

背水一战努力的成功和偶然重新发现被认为灭绝的物种并不能使我们觉得，很多丧失的生物多样性会重新返回到我们留给自然的狭小空间中去，就像在凯奇河河边低地一样。 为了使这一点更为清晰，很有必要列出过去的 25 年中在美国本土丧失的鸟类名单以及它们最后被目击的年代。 其中大部分是岛屿鸟类，两种野鸭和麻雀是亚种：拉奈孤鸫(1980)、马里亚纳鸭(1981)、关岛阔嘴鸟(1983)、夏威夷暗鸫(1985)、瓦岛管舌雀(1985)、奥亚吸蜜鸟(1987)、深色海滩雀(1987)、鹦嘴管舌雀(1989)、毛岛蜜雀(2005)。 由于这些物种的分布大多数一开始就限制在一些狭小的地理区域内，因此与象牙喙啄木鸟相比，它们仍然幸存的机会可能更小。

成功地恢复极度濒危的物种，必然还会继续成为极少的例外情况。 于是我们脑海里想起了拉撒路（Lazarus）的复活。 严肃的事实是，世界上所有的动物园只能承受最多 2000 种哺乳动物的繁育种群，而已知的哺乳动物有 5000 种。 对于鸟类也存在这样的局限性。植物园的容量相对更大，但是也只能容纳 1 万种需要保护的植物。鱼类可以保存在水族馆，也存在同样的问题。 尽管异地保护可以获得很多好处，但是考虑到保护每个物种所花费的成本，它只能部分缓解这个问题。

那么，我们考虑采取哪种紧急措施来保护这几百万种昆虫和其他无脊椎动物（大部分还是科学未知的）以及多达几千万种的微生物呢？

我向你担保，在保护地球生物多样性方面，保留足够大的自然环境来维持野生种群的生存是最好的方法了。只有大自然能够充当这个星球的"诺亚方舟"。

所以，牧师，下面是我反击"例外论"者的训诫：

拯救"造物"，拯救所有这一切。任何较低的目标都是不能被拥护的。不管生物多样性是如何产生的，它们都不是安置在地球上用来被任何一个物种来消灭的。现在不可能，以后也不会证明摧毁地球上的所有自然遗产是合法的。为我们自己的特殊地位感到骄傲是可以理解的，但是必须让我们正确地维持改变世界的能力。人们可以想象到的一切，我们能够唤起的所有幻想，所有我们的游戏、伪装、叙事诗、神话和历史，所有我们的科学在自然界的强大生产力面前都显得格外渺小。我们还没有揭开地球生命形式的哪怕很小一部分。对于那些在人类逼迫下仍然能够存活的千百万种物种，我们甚至没有完全了解其中的一种。

确实，在这个星球上没有什么非人类生物能排在我们前面。不管是按照《创世记》中的时间，还是按照科学证据表明的超过35亿年，我们确实是个后来者。孕育了人类的生物圈具有天生的危机，但是总的来说它是一个能很好平衡和维持功能的系统。在人类这个物种不存在的情况下，生物圈同样能够正常运转。甚至是现在，一个被削弱了的野性大自然也在给我们提供生态系统和生态服务，例如维持水资源、控制污染、肥沃土壤等，在经济价值上比得上人类的人工创造。

想象一下，在一个世纪以后全球人口可能会比现在更少，但是全世界范围的人们将会拥有更高、更持续和更平均的消费水平，这样地球才能成为天堂。不过，首先要保证其他生命能够和我们在地球上共同生存下去。

10

终 结 游 戏

　　人类的大锤已经落下，第六次大灭绝已经开始。 生物多样性的丧失如果不能有所减轻的话，物种永久丧失的程度注定要在 21 世纪末达到中生代末期的水平。 我们将会进入诗人和科学家称作的"沙漠时代"和"孤独时代"。 我们将意识到正在发生的事情，并亲手完成这一切。 这不能归咎于上帝的意志。

　　前五次生物大灭绝通过漫长的自然进化，用了平均 1000 万年的时间才恢复过来。 再来一次 1000 万年的消沉期对于人类来说是不能接受的。 人类必须作出抉择，现在就要作出决定：保护地球的自然遗产或是让子孙后代去适应一个生物匮乏的世界；这种抉择是无法回避的。 我已经解释了为什么动物园和植物园方案不能解决问题。 了解到这个情况以后，一些狂想的作家又戏弄出了"最后防线"的想法。他们说，让我们通过低温冷冻受精卵或组织样本来保存数以百万计的生物物种和品种，待人们将来去复苏它们；或者记录所有物种的基因编码，以后再重新制造出它们。以上所说的任何一种方式都是高风险、高成本的，最终都是无效的。即使地球上受威胁的生物多样性能够恢复生气，能被培育成等待被放回"野外"的种群，也许要到 22 世纪以后了，重建能够独自存活的种群已经超出人类的能力范围。生物学家对于如何构建一个复杂的可自我维持的生态系统还丝毫没有头绪。等到他们研究出来的时候，可能会发现人性化的地球环境已经不可能用于这种重建了。

排除了这些选择，对于"例外论"者来说就只剩下最后一个选择了，那就是继续这样下去，彻底把生物圈搞成不毛之地，寄希望于科学家们有朝一日能够制造出人工生物，并把它们组合成人造的生态系统。让我们未来的后代用编了程序的不会攻击人的"老虎"来重新填充自然缺失的生态位，那是一种人工合成的"老虎"，在不会叮咬人的"昆虫"包围着的"森林"里发出人造的光亮。对于人工生物多样性可以用这样的词语来形容：它只存在于幻想中，是亵渎神灵的，是堕落的，是令人厌恶的。

我必须很遗憾地说，前面所说的不能施行的解决方案都是作家们提出来的。这些梦想是很愚笨的。现在不是写科幻小说的时候，应该介绍常识和下面的处方：保护生态系统和物种必须首先了解每一个物种的独特价值，必须说服那些奴役它们的人像招待员一样为它们服务。

人类正处在人口过剩和挥霍消费的瓶颈中，在 21 世纪末当全球人口有望到达峰顶的 90 亿（超过 2000 年人口的一半）时，危机将爆发，人类将走向没落。在这个瓶颈时期，人均消费水平会继续增加，会不断加大对环境的压力。但是这还处在人类可控范围内，在很大程度上要依赖于现在已有的增加生产、循环利用资源和转向替代能源的技术。由于企业层面"达尔文主义"的存在，这个转变看起来是不可避免的：那些致力于开发和应用新技术的企业和国家将成为未来经济的领导者。

如果我们有这个想法的话，仍然可以把幸存下来的那些生态系统和物种救出瓶颈，仍然有一些拯救它们的办法。在全世界范围内尽管是零零星星的尝试，但是在区域和国家水平上已经在不断进行努力了。尽管现在取得的成绩仍然不足以拯救那些处于极度濒危状态的物种，但它是一个良好的开端，已经得到了广泛的理解和认同。各国采取的行动越来越多，在 2002 年，即里约热内卢峰会的 10 年后，有 188 个国家签署了《生物多样性公约》（the Convention on Biodiversity）（美国作为一个除了在商业、旅游和民主扩张外保持意识独立的国家，仍然没有签署这个公约。在 2006 年本书完稿时仍然阻挡该公约的还包括安道尔共和国、文莱、伊拉克、索马里、东帝汶和梵蒂冈）。在约翰内斯堡的会议上，签署国保证履行协议，在 2010 年前显著降低生物多样性丧失的速度。同时，191 个联合国成员中的 130 个（又不包括美国），已经修改了宪法来保护他们国家的环境，其中的大部分都直接或间接包括了保护生物多样性的内容。

现在开始的竞赛将决定地球上大部分生物多样性的命运。这个选择非常简单：在接下来的 50 年里或者拯救生物多样性，或者丧失四分之一甚至更多的物种。世界末日的决战很快就会决出胜负，这取决于生物地理学的知识（即物种在陆地和海洋中不是均匀分布的，而是聚集在一些被称为热点的地方）。例如，你更可能在佛罗里达

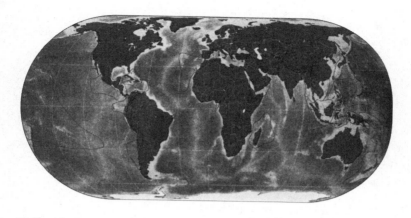

图 20　陆地上最重要的 34 个生物多样性热点地区（Biodiversity Hot Spots）：拥有大量濒危物种的地理区域（"保护国际"保留所有权利，2006）。

丘陵的灌木草原，而不是在威斯康辛的林地中发现一个濒危物种，或是在北卡罗莱纳州山脉的溪流中比在新罕布什尔的河流中更容易发现濒危物种。 热点中的最热，即那些最迫切需要受到关注的地方，散布在地球上的各个角落，有时候分布在出人意外的地方。 2006 年"保护国际"鉴定出这样的陆地地区包括以下地方：

- 加利福尼亚海岸和丘陵；
- 墨西哥南部和中美洲热带森林；
- 加勒比群岛的森林和旱地生境，特别是古巴和海地；
- 安第斯山脉的热带低地和中海拔森林；
- 巴西的塞拉都（热带稀树大草原）；
- 巴西大西洋森林；
- 地中海森林和旱地生存环境；
- 高加索山脉森林；
- 西非几内亚森林；

- 南非海角区域的多样生境；

- 非洲之角的多种生境；

- 马达加斯加的多种生境，特别是森林；

- 印度西高止山脉雨林；

- 斯里兰卡雨林；

- 喜马拉雅山脉森林；

- 中国西南部森林；

- 印度尼西亚的大部分森林；

- 菲律宾雨林；

- 澳大利亚西南部的欧石南丛生的荒野；

- 新喀里多尼亚森林；

- 夏威夷和其他太平洋东部和中部群岛的森林。

34个最热点地区，或者更精确地说是受干扰最少的生物多样性最丰富的栖息地，差不多覆盖了地球陆地表面的2.3%，然而它们是地球上42%的脊椎动物（哺乳类、鸟类、爬行类和两栖类）和50%有花植物的唯一家园。

这些热点地区并不仅仅是生物多样性聚集的区域。它们凭借有限的面积成为地球上最宝贵的物种分布的地区。分布在这34个热点地区的物种有很大一部分被归类为《IUCN红皮书》中的"濒危"和"极危"，其中包括了地球上72%的哺乳动物、86%的鸟类和92%的两栖类。

用于度量生物多样性的优先选择的单位是物种，因为它们基本上是进化中的自然单元。它们比生态系统更容易划分界限，比那些区分物种的复杂基因序列更容易识别。

物种作为测度生物多样性的单位有一个不利的方面：它们常常是

近期进化而来，所以会成簇出现，极端情况下甚至只有几千年的分化历史。由于它们分化的历史较短，因此这些簇状发生的物种个体之间的基因差异相对较小。有没有方法能够通过测量一群生物而不是组成群的单个物种来表征生物多样性呢？确实有这样的方法，这还要回溯到 18 世纪中期传统分类命名法的初始阶段。在使用的等级系统中，特征较为类似，遗传关系较为接近的一类物种，被分类为一个属。"属"更为古老，具有更加明显的性状差异，可以代替相对较小的分类单元——"物种"来测度生物多样性。

如果用属来测度生物多样性的话，那么那些热点地区会发生变化吗？答案是会发生变化，但是变化不大，大部分仍然是那些基于物种来确定的区域。然而用了不同的测度方法后，它们的排名顺序发生了变化。地球上最热的热点是非洲靠近东海岸的古老岛屿——马达加斯加，拥有 478 个属的植物和脊椎动物，接下来是加勒比群岛（269 个属），巴西大西洋雨林（210 个属）、印度尼西亚的巽他群岛（199 个属）、东非山脉（178 个属）、南非海角（162 个属）、南墨西哥加上中美（138 个属）。

大部分早期的"热点"研究局限于陆地环境。从 2000 年起，类似的分析模式被用于海洋生态系统。四种主要海洋区域中的三种——河口、珊瑚礁和其他近海生活环境以及深海海底已经破碎成小块，划成类似陆地热点那样的常受威胁区域。第四类海洋区域——深海，在全球范围内的生物丰富程度也存在很大不同，但是它的格局很难确定，因为很多海洋鱼类和开放水域的生物经常进行长距离的迁移。

总结一下上面的观点，全球生物多样性的研究结果对于成功地指导保护实践已经足够了。生物学家已经估量了这个问题的严重程度，他们可以指出如果当前的趋势没有缓和的话，接下来将会发生什么事情。他们知道如何解决这个问题，至少能解决大部分问题。

脑子里想着这些事情，再让我们把目光移向问题的底线吧。解决这个问题需要花费多少钱？有人可能担心保护生物多样性的昂贵代价会危及市场经济。这个假设是错误的。拯救地球上大部分动、植物的成本对于市场经济来说是微不足道的，当然对于自然经济也是非常有利可图的。

2000 年，"保护国际"发起了一个由生物学家和经济学家共同参与的会议，主题叫"反抗地球的终结"（Defying Nature's End），专门讨论这个问题。他们综述了很多现有的在拯救野生生物保护地的同时促进当地经济发展的方法，然后估计了经济成本。他们断定，为保护当时确定的陆地上的 25 个热点地区（现在已经增加了 9 个，变成了 34 个），以及亚马逊、刚果河流域和新几内亚残存的热带雨林无人区，大概需要一次性投资 300 亿美元。如果配合良好的投资策略和外交政策，将可以使地球上 70% 的动、植物物种得到有效保护。它至少给我们提供了时间来设计长期的应对方法和政策。单单这一笔一次支付的费用或是多年内等量分担的费用，大概是全球每年总产出（各国的 GDP 之和）的千分之一。碰巧的是，世界总产出大概是每年 30 万亿美元，这大概就是地球上残存的自然环境每年能够提供的生态服务价值的估计值。

2004 年，另一个小组同期进行的研究，估计了保护海洋地区（我们地球受威胁的第二个伊甸园）的成本。他们认为，海洋不能再被看作是无限的和不会受伤害的了。由于物理破坏和气候变暖的严重影响，珊瑚礁的分布区域已经大大缩小。主要的公海渔场数量都在低于可持续发展的水平运作。世界上很多地区的浅海海底已遭受拖网的破坏。

沿海国家 370 千米海洋专属经济区以内的海洋保护地只覆盖了海洋表面的 0.5%，除了限制捕鲸以外，对于深海的其他生物几乎没有任何保护措施。 如果在整个海岸区和公海能够建立保护区，并且有效扩大保护面积的话，那么就可以保障无数受威胁物种的安全。 通过为广泛分布的海洋生物提供资源，保护区也能及时地提高渔业的可持续产出。 管理一个覆盖海洋表面 20%—30% 的保护网络每年将需花费 50 亿—190 亿美元。 通过取消现在每年 150 亿—300 亿的不当渔业补贴，这笔钱是能够获得的。 现在的渔业补贴对于过度捕捞和经济物种数量的减少应该负首要的责任。

地球上的生命不能再忍受更多的掠夺了，并非是遵从基于宗教和科学的拯救"造物"的普遍道德责任。 保护生物多样性是人类自农业发明以来，从来没有碰到过的好生意。 我尊敬的朋友，现在就要行动起来。 科学理论是真实可信的，并且在不断进步。 今天活着的物种在这场竞赛中或者取得胜利，避免灭绝，或者永远消失。 它们要么赢得持久的荣耀，要么永远被轻视。

　　拯救其他生物的论据不仅来自宗教,也来自科学。这篇论述中的关键科学——生物学的相关理论将在此进行阐述。

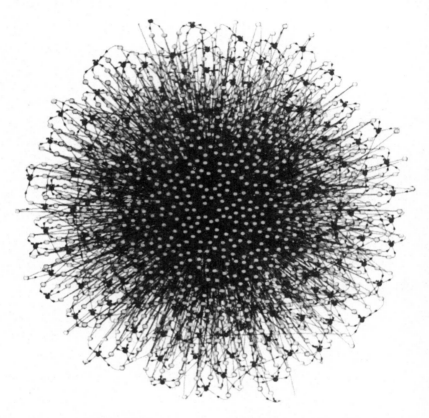

图 21　肌肉活动的关键蛋白质——肌动蛋白的图解，其中包括了各种化学状态、分子和改变状态的反应（引自 Elizabeth Pennisi,　"Tracing Life's Circuitry," *Science* 302［2003］：1646—1649）。

11

生物学是对自然的研究

牧师，依我看，接近自然和重建伊甸园不需要太多的精神力量。人们已有的精神力量已经过剩了。精神力量必须按照对人类状态的理解给予正确地引导，更广泛地加以应用。在过去的300年中，人类的自我意识膨胀得很快。早先是被宗教和创造性的艺术所提升，现在借助科学的翅膀它可以飞得更高。

为了支持这种主张，我现在将提供一些科学的概念和实践，特别是在与人类关心的问题最为直接相关的生物学方面。

要立刻补充的是，我在这里不是指"科学家"。大部分研究者，包括那些诺贝尔奖获得者，都只是狭窄领域的熟练工人，他们对人类境况的兴趣并不比一般人更多。对于科学而言，科学家就像是大教堂里的泥瓦匠，让他们任何一个人脱离工作环境，你很可能会发现他们过着一种很平凡的生活，充斥着日常的事物和呆板的想法。科学家很少能够产生跳跃性的创造。 事实上，大多数人从来就没有独创的想法。 相反，他们通过庞杂的数据和假设（后者是要去证实的猜测）去探寻道路，有时候会很令人激动，但是大部分时候都是很平静的，很容易被走廊的说话声和其他活动所分心。 成功的科学家就像诗人一样思考，即使有灵感的话也是转瞬即逝的，其余时间则像是个记账人一样工作，很难产生独创的想法。 所以在科学家的职业生涯中，大部分时间都是在满足于填写数字和整理图书。

科学家们也像是探矿者。 原创的发现就是他们交易的黄金和白银。 如果成果很重要的话，他们可以得到学术声望，然后名气越来越大，得到更多的版税和更长的任期。 科学家们一般都很普通，以致不能成为预言者；太容易被烦扰了，以致不能成为哲学家；太讲诚信了，以致不能成为政治家。 由于缺少街头智慧，他们很容易成为骗人行家和耍把戏人的愚弄对象。 绝不要让一位科学家去验证超常的想法，还是去找一位职业魔术师吧。

科学的力量不是来自科学家，而是来自它的方法。 科学方法的力量，也可以说是科学之美，在于它的简单。 它可以被任何人理解，经过一些训练就能掌握。 科学的发展来源于它的累积性，它是千百万使用共同科学方法的科学家们创造的成果。 大部分科学家都只能了解科学知识的很少一部分，甚至在他们自己的学科内也是如此。 但是没有关系：后来的科学家可以不断地检验和补充其他部分，很容易形成整个科学知识体系。 这种可检验的学习引擎的发明是有记载的人类历史上的一个进步，真的可以称得上是"量子飞跃"。 但是这种进步在人类历史中出现相对较晚，是人类智力经过了一段漫长而曲折的由部落控制和宗教推动的道路后才有所发展的。

让我们试着建立一个粗略的年表。在几百万年以前人类只有动物的本能，接着，也许是在人猿的阶段，人类开始有了物质文化的基础。随着更高的智力发育，人类出现了超自然的感觉，魔鬼、鬼魂和神灵等充斥了脑海。那个时候还没有科学，为了解释人在宇宙中的地位必须要借助于宗教。神灵的相貌产生于梦境之中，被萨满和牧师铭记在文化里。神灵创造了人类。那些生活在周围的生物在神圣的高山、遥远的天边和天堂都要向诸神让步。时光倒流，不知道在什么地方，不知道怎么回事，这些神人就创造了世界，然后现在来管理人类。在人类自我意识的发展过程中，人就像孩子和仆人一样追随着神灵，凌驾于自然之上。部落在他们神灵的坚定领导下走向了统一和强大。他们击败了竞争的部落及其"伪神"。他们也征服了自然，并在这个过程中毁灭了其中的大部分。他们相信，人的命运不取决于这个世界。他们认为自己是不朽的，不亚于那些半神半人。

沿着这条道路，在 17 世纪从欧洲开始，人类的自我意识发生了彻底的改变。艺术和哲学开始同诸神分道扬镳，科学体系开始完全独立地运行。虽然经常遭受圣经信奉者的反对，但是科学还是一步步地打造了一种完全不同的、以可检验和独立存在的人的形象为基础的世界观。在过去的 350 年中，科学知识几乎每 15 年增长一倍，它已经观察到了生物界的中心，发现了一个过去未曾想到过的巨大的、自发的创造力。这种形象包含了宗教对抗，导致了部落间的冲突。科学是人类所有努力中最为民主的，它既不是宗教也不是意识形态，它从不断言真实世界中那些超越感知的东西。它在历史上以最多产和最统一的形式创造了知识，它为人类服务，从来没有对任何一种部落的神灵卑躬屈膝过。

生物学现在正引导着我们重建人类的自我意识。它已经成为最重要的科学，在科学发现和争论引起的骚动上，已经超过了包括物理和化学在内的其他学科。它是人类健康和人居环境管理的关键。它已经成为同哲学的中心问题建立联系的最重要学科，致力于解释思想和现实的本质以及生命的意义。另外，生物学是跨越自然科学、社会科学和人类学三种主要知识分支的逻辑桥。

对于科学家来说，他们的职业道德是建立在客观性之上的，通常会小心翼翼地避免在公众面前夸大自己的理想。虽然如此，从一些较为大胆的科研先驱的随笔和演讲中，还是可以总结出当代生物学要获得的伟大目标的。我认为，它们主要包括如下这些：

● 创造生命：在分子水平上完成简单的细菌物种的"绘图"工作，通过计算机模拟其过程，然后利用构件分子来构建细菌个体，或者至少要显示如何完成这样的构建工作。

● 用这个方法并结合关于早期地球的化学知识，重新构建生命起源的步骤。

● 继续推动相同分子的消减，合成人类细胞，用含增强效应的信息来治疗疾病和修复损伤。

● 用化学和电传导模型以及神经细胞生长和网络信息的分子基础来解释思维，结合人工智能和人工情感来模拟思维过程。

● 完成地球上动、植物（包括微生物）在物种水平上的绘图，扩展在每个物种的基因多样性水平上的探索。

● 使用生物圈中呈指数增长的生物多样性信息来推动医学、农业和公共健康的发展。

● 为所有物种和主要组成基因创建"生命树"，追踪过去进化历史的路径。同时，结合古生物学和环境史的信息，建立关于生物多样性起源的权威性理论。

● 解释一个稳定的自然群体在物种水平上是如何组合和调控的，并用这种信息来保护和稳定地球的生物多样性。

● 如果自然科学、社会科学和人类学还没有完全统一的话，那么就通过探索思维和人性的生物学基础来联系它们，在这个过程中揭开基因和文化共同进化的秘密。

用以上完备的假想情景来衡量，当代生物学与物理学和化学相比仍然是一门不成熟的学科。那么它需要如何发展才能与这些学科相比拟呢？

首先要考虑科学是如何创建的。生物学是一门具有三个维度的科学。第一个维度是对单个物种（例如一种细菌或是一种果蝇）的研究，涉及物种具有的生物机体的各种等级水平，从分子到由分子组成和赋予能量的细胞，到由细胞构成的组织和器官，到由组织和器官组成的有机个体，到生物种群和群落，最终到构成生态系统的物种间的相互作用。

物种是基因截然不同的一些种群，很多物种（不是所有的）在自然环境下不能杂交，从而实现隔离。例如，生活在一个池塘或是一片森林中的所有物种构成一个有生命的群落。这些物种和无生命的土壤、空气和水一起构成了生态系统。

这里再重复一次，生物学的第一个维度是对单个物种进行多方面的审视，包括从分子组成一直到它们在生态系统中的位置。第二个维度是对生物多样性的绘图。简单地说，生物多样性就是在世界某一特定区域内（局部生境、区域或是全球范围）的所有物种，再加上由物种组成的生态系统和描绘物种特征的基因。生物学的第三个维度是这些物种、生态系统和基因的历史。生态学家对物种进行多个季节和多个世代的跟踪，以了解种群的数量变化情况。 通过扩大调查的尺度，系统分类学家和遗传学家可以利用足够多的世代来证明基因的改变以及更高水平上的物种分化，从而重新构建历史。

现在想象一下同时达到三个生物学维度的情景。 你做不到，我也不行，至少到目前还没有人能够做得到；更别提数以百万计的物种了，它们中的绝大部分对科学家来说都是未知的。 每个物种都是独特的创造，这很快就能验证；物种的基因编码经过异常复杂的突变和自然选择的塑造才成为今天这种特征。

每个物种自身就是一个世界，它是大自然的一个独特成分。 当你想起一个物种的时候，它所有的个体像合唱团一样列队在你面前。你想象一下，让时钟开始走动，然后让指针走得更快一点，越走越快。 这时一些个体会消失和死亡，但是同时又会产生一些新的个体，就这样一直到整个生物种群走向灭亡。 种群的动态受到环境变化的控制，如大雨或干旱、病菌和捕食者的侵入和撤退、食物的富足和短缺等。 这些因素以及它们的互相影响，决定了物种是扩张还是缩退，决定了物种是侵入新的栖息地还是走向灭亡。

最后，在你的脑海里试着展现几百万个物种向前进化的情景，然后再回想它们每一个的进化历史，可以从各个层次考察，从基因到生态系统。 概括地说，未来的生物学将是出类拔萃的，现在只能隐隐约约预知它的复杂性。 人们将会发现一个心灵能量的新舞台。

12

生物学的基本定律

下面我将换一种方式来继续讲述这个话题。要领会生物学对人类境况的重要性，最有效的方法就是自上而下地介绍这门科学：首先是它最重要的基本定律，然后才是扫清由基本定律决定的一些具体内容的障碍。

生物学的定律是对一种过程的抽象描述，指的是有证据表明它是在生命系统中普遍存在的一种过程，而且在逻辑上存在必然性。科学家们已经建立了两个可以被称为生物学基本定律的东西。第一个是：所有的已知生命都服从于物理学和化学法则。但是这并不意味着所有的特性都可以直接通过物理学和化学来解释。上述定律只是意味着，当复杂的生命机器被分成组成要素和过程时，它们的每一部分以及各部分之间的相互作用都符合已知的物理和化学知识。

光学显微镜下观察到的细胞分化不能直接用物理化学来解释，我们不能直接看到物理和化学过程，但是组成细胞的分子和它们复制的过程是可以用物理化学来解释的。细胞的所有特性被称为"突现的"（emergent），意味着它们是通过分子作用而来的。但是由于在这个水平上有着诸多复杂过程，运作方式不容易从物理和化学原理中推导出来，因此除非借助数学模型和超级计算机模拟的帮助，才能较详细地解释这种相互作用。细胞分化必须采用不同于物理和化学的语言，在分子水平上进行解释。

突现的特性被认为是一种非常复杂和难以理解的东西，它必须用比喻或是一种不同于创造它的过程中使用过的词汇来描述。生物学中的很多情况存在突现的特征，目前在物理学和化学中还只能牵强地将其联系为偶然性。

生物学和物理科学的重要联系是 DNA（编码遗传信息的分子）结构。1953 年，沃森和克里克提供了这把"生命之匙"的化学结构。关于这个问题，我可能描绘得过于美好，但是下面来自沃森和克里克的三句话，可能会更清楚地说明其赋予了分子生物学以生命，以及由此果断地表明了生物学第一定律：

> 我们希望提出一种完全不同的脱氧核糖核酸盐的结构。这个结构有着围绕同一轴心的两根螺旋链……它没有躲过我们的注意，我们假定的这种特殊配对立刻表明了一种可能的遗传物质复制机制。

今天，从社会得到最多支持和推动的两门学科——分子生物学和细胞生物学，继续从事着生物有机体的两个最低层次（分子和细胞）的研究。他们着力于研究所选的几种有特性的物种。例如遗传简单，世代周期超短的结肠细菌——大肠杆菌，神经系统和行为简单的线虫，当然还有人本身。事实上，以上研究的每个信息都具有基础性的和应用性的价值。

分子与细胞生物学正处于发展的博物学阶段。这种惊人的特征也许可以用一个比喻来清晰地加以描述。那就是，细胞是一个包含了很多相互作用的成分和过程的系统。用一个更感性的说法，那就是相当于一个池塘或是森林这样的生态系统。组成细胞的分子就相当于组成生态系统中生命部分的植物、动物和微生物。在细胞和生态系统这两个层次，现在都已经进行了很好的研究。分子和细胞生物学家也发现了大量蛋白质和其他分子。

这些研究者包括胡克、达尔文以及其他新时代的自然探险家。他们在实验室中工作，有幸躲过了蚊虫叮咬和脚底磨出水泡，投身于对生物体最低层次未知领域的研究。他们不是在创造基本定律，因为大部分定律是从物理学和化学那里借鉴过来的。他们引人注目的成功来自于天才人物的技术发明和应用。通过结晶学、免疫学、基因替代和一些别的方法，他们发现了细胞中超级微小成分的结构和功能，而这些东西远远超过人类的感知范围。他们致力于和其他学科的研究者进行合作，来共同发展生物体的基本定律。

分子生物学和细胞生物学的很大一部分成就是对医学做出了重要贡献。让我说得更强有力一些：在公众认知和支持上，分子生物学和细胞生物学实际上已经和医学结合在一起。诺贝尔奖没有生物学奖，但是诺贝尔在他1895年的遗嘱中表达了他认为最重要的领域，设立了生理学和医学奖。分子生物学和细胞生物学有钱有势，但很少是因为它们的成功。相反，他们之所以成功很大程度上是因为他们在钱和势方面得到了支持。在这一点上我不希望产生误解：政府和私人部门在生物学这些领域的投资已经产生了很好的回报，它们应该得到更高程度的支持。他们的发现揭示了生命的物理化学基础，为最终消除人类大部分疾病和基因缺陷提供了舞台。它们的知识已经在有机体更高层次上提供了部分生物学基础。

生物学的第二个定律是，所有的生物学过程以及区分物种的所有差异性都是通过自然选择进化而来的。经过一代又一代，DNA 编码产生随机的细小变化。如果这些突变使得携带它们的个体能够留下更多后代的话，那么这个物种作为一个整体就变成了突变类型。就这样，物种通过自然选择开始进化了。

当一个物种从原始状态发生了很大变化后，就可以认为是已经进化成了一个新的物种。当一个物种的不同品种产生了适应不同小生境的有效突变，积累到一定程度后充分分化，可以认为是产生了多个"子群"（daughter species）。达尔文尽管不知道其中太多的细节，包括基因的存在，但是仍然清楚地、前瞻性地捕捉到了通过自然选择进行进化的思想。在《物种起源》第四章里，这位伟大的博物学家用维多利亚时代的语言阐述了这种思想：

> 可以这样说，自然选择每天每小时都在世界的各个角落检查着每一个变异，哪怕是最微小的变异，去除那些不好的，保留和增加好的变异；不管何时何地，只要有机会，这个选择就在默默地、不为人所知地改进着与有机和无机生命环境密切相关的每一个有机体。———《物种起源》，第一版，1859 年。

在分子和细胞生物学之外，生物学还有其他领域，包括第一维（从有机体到生态系统）更高层次的东西，所有的第二维（生物多样性）和第三维（进化生物学）。 由于这些研究领域开始于 18 和 19 世纪，似乎现在已经过时和衰落了。 其实反过来说才是正确的，这些学科属于未来科学的一部分。 当生物学成熟和大一统以后，第二和第三维将会到达第一维的上层，掩盖住分子生物学和细胞生物学的光辉。生命的物理化学基础和已知生命形式通过自然选择而进化这两大定律的展开，定义了当代的生物学。 那么，生物学对真实生命世界已经了解了多少？ 当三个维度（生物等级、多样性和历史）统筹考虑的时候，我们必须承认还只是认识了很少一部分。 我猜想，现在的生物学了解的大概连百万分之一都还不到吧。 以后还有很长的路要走，随着数据的积累和技术的革新，将会有更多的进步。 在这个长途旅行中，生物学将会继续走向统一。 领军人物将越来越认同这一点，生物学的未来要依靠生物学内部的合作，以及与其他学科的跨学科研究。 假以时日，当然这个进程越快越好，那样我们就能不受约束地跨越这三个维度了。

对知之甚少的行星的考察

在前方漫长的旅途中，整个生物学尤其是生物多样性研究需要一张地图。 牧师，如果你想知道，这个必要条件与"造物"有何联系？我必须告诉你，我们对大部分其他生命的状况并不了解，我们甚至都不知道它们是什么。 人类不需要建立月亮基地，也不需要进行火星旅行，我们需要对地球进行探勘。 现在可能只有不到 10% 的生物为科学家所知，只有 1% 的生物经历过简单的解剖学研究，曾在自然史上记下过一笔。

细想一下：如果我们的机器人飞船在火星上发现了生命并且带回来约 10% 的物种，那么美国人民可能很乐意花数十亿美元去寻找和分类剩下的 90% 的物种。 与之形成鲜明对比的是，美国用在系统分类学上的经费，把私人和政府部门的全加在一起，在 2000 年也就大约是 1.5 亿—2 亿美元。 这笔经费分配到了全美 3000 个系统分类学家身上（美国所有学科可以称得上科学家的超过 50 万人）。 保守地说，人类对于地球母亲的探勘实在是太缓慢了。

从我前面的章节，可以简单概括一下全球生物多样性的境况：尽管探勘的速度很慢，但是生物学家在过去的二三十年中发现的地球生物多样性，要比我们过去预计的要多得多。 如今，多样性正在加速减少，主要原因是栖息地破坏（包括气候变暖引起的栖息地破坏）、外来种扩张、污染和过度捕捞等。 如果人类引起的这些外力没有减弱的话，到 21 世纪末，我们将会失去地球上一半的动、植物物种。

在地质时期，如果按照各种分类群组的平均水平，物种灭绝的速度是每年百万分之一，而新物种形成的速度也大致与此差不多。 而当前地球的灭绝和过早灭绝的速度，按照最保守的估计，大约是物种形成速度的 100 倍。 当许多濒临灭绝的物种随着地球上残余的一些生态系统一起消失的时候，这个速度可能会增加到 1000 倍甚至更大。 与生物多样性有着最亲密工作关系的生物学家们一致认为，我们正处在 6500 万年前白垩纪大灭绝后的又一次灭绝加速期的初始阶段。 过去 4 亿年间的 5 次大灭绝，每次都需要 1000 万年的进化过程才能完全补充丧失的物种。 以上是基于最熟悉的一些生物类群，如哺乳动物、有花植物和一些有壳的无脊椎动物（如软体动物）进行的估计。 对生物多样性的漠视，使得我们甚至在知道它们存在以前就已经失去了很多。

下面的数字表明，我们探勘地球的进展是多么的缓慢。 目前已经发现的物种数，包括所有已知的植物、动物和微生物，大概有 1 500—1 800 万种。 如果考虑到那些还没有被发现的物种，根据不同的估算方法，物种的实际数量大约在 3600 万种到 1.12 亿种之间（参考 1995 年的全球生物多样性评估）；甚至对于那些已经进行过很多研究的脊椎动物，对其数量的估计也存在很大差异。例如，估计世界上的鱼类种数在 1.5 万种到 4 万种之间。

这个 1 亿多的数字如果能够达到的话，其中大部分都是来自那些看不见的物种的多样性。细菌和类细菌被称为地球上生命宇宙的黑物质。到 2002 年底，已经发现和分类了 6288 种细菌，但是在每 1 克肥沃土壤中就生活着 100 亿细菌，已经发现的这些物种在其中都能找得到。在 1 吨土壤中，估计存在惊人的 400 万种细菌。在人类的口腔中至少生活着 700 种细菌。它们适应生活在口腔这种宽阔的"平原"（对于细菌来说）以及牙齿和舌头形成的"峡谷"中，它们通过清除致病菌维持了人的口腔健康。很难想象，人类会和细菌勾结在一起。但是另外看到的事实就更奇怪了：一个人身体里的细菌细胞数要超过人自身的细胞数。如果生物是基于细胞优势来进行分类的话，人体可以被归类为一种细菌的生态系统。

其他一些例子也表现出看不见的生命的惊人特征。在我们的脚下，至少 2 英里深的地方，从某些方面来看存在着一个更为复杂的巨大世界。有大量未调查过的细菌和微小真菌，被统称为"地下微生物生态系统"（subterranean lithoautotrophic microbial ecosystems，缩写 SLIMS）。这些居民可能要比地表上的所有生物加起来还要重。它们不依赖太阳能和地表的有机物，而是独立地（自养型）从周围溶解的物质中获得化学能。如果哪一天地球表层被烧得卷起来，地下的生命还可能继续生存下去。有朝一日，也许是将来的 10 亿年后，它可能会进化出新的生命并重新占领地球表面。地下微生物生态系统的发现给科学家们增添了希望，生命可能在极度冰冷和干旱的火星存在，不是存在表面而是在深深的地下，在液体水存在的那一层。

所以，我们只是这个知之甚少的星球上很多物种中的一个。差不多250年前，林奈开始给每个物种取一个由两部分组成的拉丁名，人就是 *Homo sapiens*。他主张对地球的生命进行全面的调查。为了探勘这个知之甚少的星球，为了我们人类自身的安全，现在是时候去完成林奈开创的伟大事业了。把地球上的所有物种清查一遍，其成就可以看作是科学上的登月行动，其意义可以同绘制人类基因编码图谱的"人类基因组计划"（the Human Genome Project）相媲美。

看看这个行动的潜力，想象一下为地球上每个物种准备一个电子页面的生命百科全书（Encyclopedia of Life），无论在哪里只要运行命令就可以获取。这个页面包括物种的学名、模式生物的图片或基因介绍、物种特征的概述等。页面可以直接展现也可以通过链接连入其他数据库。它包含一个物种所有已知的信息，包括基因编码、生物化学、地理分布、系统发育位置、栖息地、生态特征以及它对人类的重要性等。这个页面可以无限扩展，上面的内容可以不断修订并增加新的信息。所有的页面构成了一部百科全书，其内容和比较生物学的总和一模一样。

有很多强有力的理由来支持构建这样一本生命百科全书，尤其是它提供一种力量来把生物学扩展成为一个整体。当地球上的生物普查接近完成的时候，当每个物种的页面都填满了从基因到生态系统各个层次的信息的时候，将能加速发现很多新现象。我们现在关于生物圈和构成生物圈的物种的知识还十分有限，还很难想象到它的重要性。但谁又能猜测到支原体、弹尾目昆虫、水熊、其他生物多样性以及大量未知生物在未来会给我们带来些什么呢？随着考虑的物种范围的扩大，我们生物学知识的缺口会像地图上的空白一样突出。

它们将会成为研究者们为之奋斗的目标。

历史上第一次可以对整个生态系统的所有物种进行全面普查。未知的微生物和最小的无脊椎动物以及那些大部分仍然缺少名字的物种将被发现。只有具备了这样的百科全书式的知识，生态学才能真正成为一门成熟的科学，才能从完备的信息中获取预测物种和生态系统的能力。

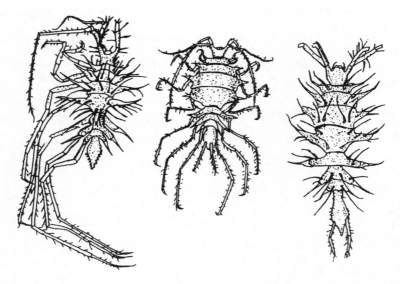

图 22 北大西洋深处的三种甲壳等足虫（引自 Robert Y. George， "Ja-nirellildae and Dendrotionidae［Crustacea：Isopoda：Asellota］from Bathyal and Abyssal Depths off North Carolina and Their Evolution，" *Travaux du Muséum National d'Histoire Naturelle* "*Grigore Antipa*" 47 ［2004］：43—73）。

作为一个应用性的结果，可以在更为可靠的细节基础上，就人类对居住环境的影响进行评估。比如说现在，我们对物种灭绝的估计是基于那些已经得到很好分类的类群的数据，如有花植物，陆地和淡水中的脊椎动物还有一些非脊椎动物，如蝴蝶和软体动物等。这些分类单元只包含了地球上已知物种的四分之一，只包含了很少部分的未知物种。 今后，包括了地球上大部分物种以及构成了世界上能量和物质循环重要路径的真菌和几乎所有的微生物，以及其他无脊椎动物（包括昆虫和线虫），也将得到评估。

在应用生物学的各个领域中，生命百科全书都能为人类的福利服务。 人们能更快地发现那些适合农业的野生植物物种、能增加农作物产量的基因以及新的药物，能够更好地预测和终止病原体、有害植物和动物入侵种的爆发。 有了这些丰富的知识，我们再也不会错过生命世界中的很多好机会了，也不再会为毁灭性外来种的突然出现而感到吃惊。

考虑到我们是如此迫切地需要生物学知识，如果没有别的原因，建立一部生命百科全书是理所应当的。 在它的早期阶段，应该建立一种可以使各种比较研究迅速组织起来的基础环境。 传统分类学仍然主要靠反复检查已鉴定的标本和文献，而现在通过高分辨率的数字摄影、核酸测序和互联网发表，这个过程将大大加快。 研究的新发现能够被更快地公开，从而不断为物种页面增加新的内容。 我们会更容易找到实验室和野外研究的模式生物——对于生物学的每一个问题，都存在一个能够解决该问题的理想物种，事实确实如此。

一个不断完善的和单点访问（single access）的、由物种构成的百科全书可以很容易地在现有的生物学数据库中导航。 在计算机搜索引擎的帮助下，我们可以使用一些本来需要大量时间和精力才能察觉的模式，可以在史无前例的动力和开放性下建立、修订和重建那些原理和理论。

我相信，当生命百科全书最终到达了最高水平后，它可以转变生物学的本质，因为生物学最初是一门描述性的科学。 虽然生物学依靠坚实的物理和化学基础来解释功能以及依靠自然选择理论来解释进化现象，但是它是由其组成成分的特征所决定的。每个物种都是一个小宇宙，从它的基因编码到解剖、行为、生命周期，直到环境功能。它是由非常复杂的进化过程创造出来的自维持系统。每个物种都对科学研究事业作出了贡献，都应该受到历史学家和诗人的赞赏，而质子或氢原子绝不是那样。牧师，简单地说，物种是科学为拯救"造物"提供的必须高度重视的道德论证明。

四 讲授造物

　　拯救生命的多样性以及与自然和平相处的唯一办法是通过广泛地分享生物学知识以及应用科学发现来解决人类问题。

图 23　多米尼加共和国的蝴蝶和蛾子(经 Brian D. Farrell 的允许，引自 Biocaribe. org)。

如何学习和讲授生物学

"学习之爱"的基本成分同浪漫之爱或是对国家的爱，对上帝的爱是相同的，即对特定对象的激情。伴随着快乐心情的知识和我们同在。当被召唤的时候，"学习之爱"会浮出水面，激发与创造相关的其他记忆，激发创造性思维的大胆创新。相反，死记硬背的学习，将很快褪色成为一堆乱七八糟的文字、事实和轶事。国民教育的"圣杯"（Holy Grail）是让激情可以系统地渗透到科学和人性中去，渗透到文化中最优秀部分中的规则。

我很难用文字来详细说明这种激情，因为它存在于很多不可预知的形式中。但是和其他人一样，我有信心根据个人经验来证明它的存在。我非常清晰地记得在阿拉巴马大学上学的时候，得到三位老师教导的细节。 那已经过去很久，超过 50 年了，他们的箴言经受了时间的检验。

塞普蒂玛·史密斯，一个大概 50 岁的未婚女士，那时候被人们称为"老处女"。 她教医学寄生虫学，具有同医学院的教官一样的热情。 她的心智世界里布满的是微生物、小虫和其他在阿拉巴马农村引起严重疾病的一些非脊椎动物的故事。 她坚持让每个学生都要确切地、完整地学习。 作为一个二年级学生，我被要求要认真查看自己的血迹，准备自己的排泄物（结果是阴性的，感谢上帝，尽管我青少年时代的旅行都是在阿拉巴马乡间度过的），使用实验室仪器来跟踪关键的病原生物的生活史。 寄生虫学不只是她的一门课程，也是她生活的一种方式，如果我选择继续下去的话，它很可能已经成为我从事的一种职业。 因为她关心，所以我关心。 因为史密斯期盼成功，所以她成功了。 直到今天我还记得这门课的大部分内容，在我跟随史密斯教授学习的几十年后，我还经常在哈佛大学的课堂上使用自己亲手画的疟疾寄生虫生命周期图。

阿伦·阿切尔不是一位老师，他不想做老师，否则会是位很好的老师。 他是位于阿拉巴马大学校园中央的阿拉巴马自然博物馆的管理员。 他是个亲切和蔼的人，但是有点害羞，在博物馆后面的一间小屋子里工作，重新编排蜘蛛藏品。 当我 18 岁的时候，去拜访他，专门介绍我在蚂蚁方面的研究，聆听他即兴的关于蜘蛛分类的演讲。对我来说，和这位致力于研究地球上生物多样性的一部分外观很小但其实很复杂的生物类群的学者接触是非常重要的。 阿切尔是位专家，他也把我看成是一位专业人士。 他给了我自信，教了我如何与真正的研究型科学家谈论话题。 他不关心财富和声望，他只关心蜘蛛的分类和生物学。 虽然我不能听懂他所说的每一句话，但是我理解了大致的意思。

　　每位学生都应该幸运地遇到一位像拉尔夫·查莫克这样的老师。在我上大二的时候，他获得了博士学位，指导我在生物学方面的教育。作为查莫克指导的学生组中最年轻的一个（其他人都是第二次世界大战时期的老兵），我很快就开始阅读和讨论关于现代综合进化理论的工作。查莫克不是一个纯理论的梦想家，他认为进化生物学应该建立在从博物学获得的坚实基础之上。"你还不是一个真正的生物学家，除非你已经认识了1万个物种。"是的，那是我渴望听到的，一个具有魅力的领袖清晰制定的高远目标。在那个时候，和美国的其他地方相比，阿拉巴马的动、植物物种还很少被人了解。在查莫克的鼓励下，我们狂热地踏遍了阿拉巴马的各个角落，从遥远的红岩交叉点（Red Rock Junction）到克雷哈奇（Clayhatchee）一直到巴尤拉巴特尔（Bayou La Batre），从阿巴拉契亚（Appalachian）山脉地区到莫比尔-坦骚（Mobile-Tensaw）泛滥平原森林，多次下到少有人探知的复杂洞穴。我们采集了很多标本，其中大部分是两栖类和爬行类，也有蚂蚁和昆虫。在这样三年的探险中，我们谈论博物学和进化生物学并亲眼见证这些现象。我们不断向查莫克汇报，几乎是在不知不觉中，我们成为真正的训练有素的科学家——事实上，我们保存的动物和数据现在仍然在使用。我不能确认我们中是否有人掌握了1万个物种的名字；像大多数人一样，我也是记住新的，就忘了旧的。但是我们在野外从事的课题和亲身训练获得的乐趣已经深深地融入了我的身体，改变了我的心灵。后来我们这些人都成了生物学教授。50年过后，我们依然称自己为"查莫克人"。

　　生物学教育不仅对人类的福祉很重要，对其他生命的生存也有着重要意义。与我讨论过这个话题的每个保护主义者都一致同意，人们对生命世界的漠不关心是生物学引导式教育的失败。 错误地认为"严格精确"的生物学就是指分子生物学、神经生物学和生物化学，而不是指进化和环境研究，又使这一认识上的不足更为严重。 但是，正如我所呼吁的那样，现在一半的生物学，将来大部分的生物学就是要研究生物多样性和生命环境。 在这些领域存在很多独特的生物学知识内容，一部分和公众利益有着直接的和潜在的联系。 生物学的扩展要进入人文教育，要使人们不仅知道事实也要知道观念，要了解如何学，要能够积极地为自身利益考虑。

生物学如何才能最有效地成为人文教育的一部分？ 我相信自己可以提供问题的答案。 在我 41 年哈佛大学教师生涯中的大部分时间里，被委托讲授入门的生物学，主要是针对那些非主修生物学，仅仅把这门课作为人文课程的学生。 这门课我聚焦于生物个体和生态系统水平。 和这些学生一起，我也充分地探索过进化过程。 这个努力取得了广受欢迎的成功：学生们的成绩很好，我也获得了学校的教学奖。 我相信，在多年的教学工作中我学到的原则，既包括我在哈佛听一些优秀讲座获得的启发，也包括我自己不断的尝试，适用于各个地方的本科生和研究生教育，也适用于中等学校更高水平的课程。这些原则的合理性，已经在美国各地和其他国家的很多大学和文理学院的课程和讨论上得到证实了。

第一个原则是：自上向下地教。 如果说我在 40 年的教学生涯中有什么经验的话，那就是传授知识和激发思想的最好方式是"从一般到特殊来讲述每一个问题"。 为了进行教学和激发思维，要提出学生们感兴趣而且与其生活相关的一些问题，然后在不断增加的技术和哲学辩论细节中，层层剥去当前已经知道的一些因果关系。 例如，衰老和死亡最好在进化、遗传学和生理学知识框架中讲解，然后在人口学、公共政策和哲学这些领域继续探索。 如果讨论继续进行下去的话，就会深入到历史、宗教、伦理和创造性艺术这些领域。 千万不要自下而上地去教，例如"我们先这里学一点，然后那里学一点，最后再结合知识来构建更大的框架"。 对于那些容易感到厌倦的学生，不要一笔一笔地慢慢勾画。 相反，应尽快地勾勒出一个整体，然后指出为什么这个和他们有关系而且将和他们一生都有关系，接着解剖整体，不断向下研究各种基础原则。

例如，关于性怎么教？ 既不是解剖和实习，也不是生理学、生育或是避孕。 而是应该去问，为什么会出现性？ 生物学家如何看待性？ 与生物学家不同的哲学家、神学家和小说家又是如何看待性？为什么人——更确切地说是女人——不实行单性生殖，即从未受精的卵直接发育成胚胎？ 这种无性生殖方式在动物世界里非常普遍。 那么为什么还要有雄性和精子呢？ 如果一个人不是在亚当、夏娃、伊甸园和上帝的意志面前止步不前，不去探寻终极原因的话，这些陌生问题的答案将会被引到遗传多样性上去。 因为有两套遗传编码可以使人更加适应不断变化的环境。 最典型的例子是，在撒哈拉以南的大部分地区，人从父母中的一个获得镰刀细胞贫血基因以免受恶性疟疾的危害，同时含有一条配对的正常基因以保证不会因贫血而死亡，由此造成了这个镰刀细胞特征在恶性疟疾流行的地方广泛分布，但是从不会去代替那条正常的基因。

一般说来，具有两套基因密码也使得父母可以产生遗传变异更为丰富的后代，可以在不断变化的环境中存活至少一个或多个子女。当然，将遗传变异作为性的终极原因只是一种理论。 生物学家如何去检验这个理论？ 它已经被证实了吗？（事实上，它已经得到强有力的支持，但是还没有最终被证明）。

用这些方法来激发学生进行思考，给他们一个新的想法，挑战他们已有的那些假设和信念，把他们变成同行，推动他们在知识和精神层面上去探索自己，从而使他们毕业后，能为成为受过高等教育的社会一员做好准备。

与其他科学教师一样，我也遇到了数学恐惧症的障碍，那是人类训练过程中普遍的一种痛苦。我确信哈佛大学里很多选择人文学科专业的学生，承认在那方面存在种种困难，或者希望科学学得越少越好，因为他们认为自己缺乏数学能力。科学的主题可能很令他们着迷——宇宙的起源、气候变化的特征、生命的进化，当然还包括性的意义——但是思考这些问题需要的量化模式似乎让他们退缩了。

数学恐惧症是个错误。数学只是一种语言，语言只是思考的一种习惯。对于没有受过训练的人来说，中文语言体系和数学论证一样让人迷惑，但是对那些从早期开始学习它们的人来说又是一样的熟悉。一旦数学的标准符号和运算被学习和反复运用，并成为习惯，那么看到一个公式和在书里面读一个段落没有什么差别。种群遗传学课本还没有《尤里西斯》（*Ulysses*）令人费解，比未经翻译的《贝奥武夫》（*Beowulf*）更是容易得多。

对于那些回避数学语言的人，最好通过自上而下的方式来接触现实生活中的那些重要而又有趣的问题。这里有一个我最喜欢的例子。很少有问题能比遗传性疾病和疾病倾向更能引起人们的关注了。在所有的人类种群中都存在着缺陷基因，在现实中表现出了各种各样的疾病，有温和的也有致命的，从自然流产、婴儿死亡到成百上千种的婴儿和成人疾病。血友病、镰状细胞血症、胆囊纤维化、亨廷顿氏舞蹈病和色盲症都为我们所熟悉。这些基因普遍存在吗？它们引起的症状普遍存在吗？

请容忍我在接下来的两个段落里介绍我在每年一度的"哈佛数学恐惧症集会上"做的解说。一旦一个学生学习了孟德尔遗传学的基本原理(它实际上是没有抽象数学符号的数学公式)后,他就要准备学习种群遗传学和进化论的基础——哈迪-温伯格平衡(Hardy-Weinberg equation)了。这个平衡是说,考虑到每个人都有两条染色体,在染色体上任一位置的基因和另一染色体上对应的基因或者相同或者不同。在一个种群里,计算每个种类的基因数目(记住,在每个人染色体的每个位置上有两个基因,分别来自双亲,结果就造成了每个人有双倍的基因)。假设在某一个位置第一种类型的基因频率是80%,另一种类型的基因频率是20%。哈迪-温伯格平衡表明,在那个位置含有2个第一种类型基因的个体在种群中所占比例是基因频率的平方,即 $0.8 \times 0.8 = 0.64$;含有2个第二种类型基因的个体所占比例也是该种基因频率的平方,即 $0.2 \times 0.2 = 0.04$;而各含有一种基因的个体所占比例则是基因频率乘积的2倍,即 $0.8 \times 0.2 \times 2 = 0.32$。三个频率加起来肯定是1.0或100%,即 $0.64 + 0.04 + 0.32 = 1.0$。

就这些了,没有别的了。现在你可以用数学方程来表述这个定律:$p^2 + 2pq + q^2 = 1.0$。转换成数字,方程就是 $(0.8 \times 0.8) + (2 \times 0.8 \times 0.2) + (0.2 \times 0.2) = 1.0$。你也可以像哈迪和温伯格在一个世纪之前那样,在一个信封背面,从孟德尔遗传学第一定律里直接推导出哈迪-温伯格平衡。

哈迪-温伯格平衡意味着什么?普通得一眼就能识别的基因,有很多是隐性的(它们的效果被显性基因淹没了),只有两个碰到一起才会表达。举个例子,坐在教室里的学生,可以检查一下自己,耳垂是否连着脑袋、舌头能否打成卷、是否有 V 形发际线以及拇指是否外翻等。从这些特征,我们不但可以立即估计出具有双份和单份显性基因的个体的频率，而且可以估计种群中这种基因的频率。老师应该指出，虽然耳垂和发际线没有明显的优劣倾向，但是哈迪-温伯格平衡也包含了那些致病基因。这个原理对于现代医学非常重要。几乎所有的学生都知道有一些人，通常是亲戚，会带有这些缺陷基因。

第二个原则是：延伸到生物学之外。知识的爆炸性增长，特别是在科学领域，已经导致了专业的融合，而且真正实现了跨学科研究。例如，生物学现在已经成了一个多学科混杂的不断变化的万花筒。专业杂志和大学课程也出现了一些新的名字，如分子遗传学、神经内分泌学、行为生态学和社会生物学等。

生物学已经扩展到了社会科学和人类学的边沿，社会科学和人类学也在向生物学边界扩展。因此，过去被认为是各类知识间的认识论分歧的东西，现在正从学术迷雾中浮现：存在大量尚未查明现象的中间领域，正从过去的分割走向合作。这个中间领域任何一侧已存在的原理，例如神经科学和进化生物学，已经和最邻近的心理学和人类学在另一侧建立了联系。

这个中间领域是知识发展特别迅速的领域。而且，它讨论了学生以及我们这些人最感兴趣的话题：生命的本质和起源、性的意义、人性的基础、生命的起源和进化、我们为什么要死、宗教和理论学的起源、审美响应的原因、环境在人类遗传和文化进化中的作用，等等。

第三个原则是：聚焦于解决问题。如果刚才介绍的自上而下的概念起作用的话，那么下一步要考虑学科间的集中和交融。将来最好的综合教育似乎应该是较少面向学科，而较多面向问题。对于一门特定的课程来说，自上而下可以这样提出问题：人性的本质和重要性，道德推理的基础，或是全球淡水供应危机及其解决方式。这样的教学方式需要教师具有广阔的知识宽度，或是至少需要一个由多专业的人员组成的教学组。

照我看来，知识的统一是不可避免的，它反映了真实的生活。世界趋势表明，受过教育的人应该比以前更有能力通过多学科分析来讨论一些重大问题。从实际经验来看，我们进入了综合的年代。因此，"要有勇气运用你自己的理智"。你要敢于自己去思考。

第四个原则是：精深与广博。在二年级的时候，所有的大学生应该对自己的教育问题进行战略上的思考。遵循的最好模式应该是"T"字形的。那一竖表示要在某个专门领域钻得很深，那一横表示从通识教育中获得经验的广度。专门化是为了今后进入研究生院而做准备，通识教育是为了智力的灵活性和成熟度。当然，大部分四年制大学已经有了这样的打算。学生要在二年级选一个专业或是主修，例如英语、经济学、生物学，然后再选择一些其他课程来扩充知识视野。大部分学生必须承认，这对他们来说是最好的办法了。

对于未来的生物学家们，我要提供一些建议，这些建议我已经在哈佛大学给几百个学生讲过（未曾考虑他们的职业计划）。当你觉得这样做很轻松的时候，立即选择生物学的一部分作为你专心要做的事情，把其他内容作为一般教育。相信你的直觉，投身于分子生物学、行为生物学、生态学或是生物科学中广泛包含的其他学科或学科组，仔细寻找你在将来的知识体系中的准确位置。

虽然正如意料中的一样，指派给我的大部分生物学专业的学生其目标是进入医学院，但是还有1/4甚至更多的人希望能成为野外生物学家。尽管职业机会一直很少，他们还是做出了这个决定。对于这些立志成为博物学家的人，我坚定地告诉他们：坚持你的梦想。

第五个也是最后一个原则是：自我承诺。 重新找回热情，作为学习的动力。 只有通过教学技巧和基于兴趣的对科目的爱，一个教师的努力才能产生大的影响。 尽管高中和大学里的学生追求个人认同，但是他们同时也渴望一个高于他们自身价值的理想。 不管卑微也好，高贵也好，通过一些方法，他们能够变得成熟。 在转型时期，他们需要可信任的良师益友，可效法的英雄以及真实的和长久的成就。

下面，我要说明大自然对于心理发育来说就是一个天生适合的大教室。

15

如何培养博物学家

接近自然是从儿童时代就开始了，生物科学也最好在早期就开始介绍。每一个儿童都是一个刚起步的探险博物学家：打猎、采集植物、跟踪猎物、珍宝探索者、地理学家、发现新世界，这些都出现在儿童的内心深处，也许只是一些初步的想法，但是却在尽力表达。远古时候，小孩被培养去亲密接触自然环境。他们部落的生存取决于亲近和接触野生动、植物的知识和能力。

这种情况存在了几百万年，农业革命使大部分人离开了祖先进化的栖息地。它导致了人口数量的增加，产生了更高的人口密度，但是付出的代价是周围的环境变得越来越简单。人类开始依赖越来越少的几种动、植物资源，这些动、植物只能在生物多样性非常简单的环境中通过高强度的劳动才能饲养和种植。 随着更多农业剩余人口移居到村庄和城市，人们离祖先居住的环境也越来越远。 今天，大部分人居住在人造世界中。 我们人类的摇篮和最初的家园在很大程度上已经被遗忘了。

然而，祖先的本能仍然存在于我们身上。 它们存在于艺术、神话、宗教、花园、公园以及奇怪的（如果你这样认为的话）打猎和钓鱼活动中。 美国人在动物园中花费的时间比看专业赛事还要多，在日渐饱和的国家公园中度过的时光就更多了。 在国家森林公园和保护区（仍然未遭受砍伐的区域）的娱乐活动，创造了巨大的物质财富，每年在美国的 GDP 中超过 200 亿美元。 在一个工业化世界里，野性自然充斥了电视和电影的荧屏。 评判一个人是不是有钱要看他是否在田园或自然环境中拥有第二个家。 那个家作为脱离喧嚣返回内心平静的场所，用来回归已经失去但是还没忘记的一些东西。 观鸟成为一种主要的业余爱好，已经成为了一个庞大的产业。

成为一个博物学家不仅是一种行动，也是一种可敬的心理状态。那些表现了自然的价值，并且保护了生物界的人属于美国的英雄，他们是约翰·詹姆斯·奥杜邦、亨利·戴维·梭罗、约翰·缪尔、西奥多·罗斯福、威廉姆·毕比、奥尔多·利奥波德、蕾切尔·卡逊和罗杰·托里·彼得森。 世界上同自然和谐相处的文化非常重视博物学的能力。 那些依靠手艺人打猎、捕鱼以及以农业为生的人，依靠这些知识而生存。 这种能力被认知心理学家霍华德·加德纳定义为人类的八种智能之一。

博物学家在对周围环境中的各种动、植物的识别和分类上具有专门能力。 每一种文化都既奖励那些能够识别大量物种特别是有经济价值或特别危险的物种的人，也奖励那些能够识别新物种或非熟悉生物的人。 在没有正式科学的文化中，博物学家是最善于运用"民族分类学"（folk taxonomies）的人，在具有科学的文化中，博物学家就是按照正式的分类学形式识别和分类物种的生物学家。

多才博物学家的识别能力，在工业社会实践活动中的很多方面都有所体现。 加德纳观察到："那些很容易区分植物、动物或是鸟类的儿童，在分类运动鞋、汽车、声音系统或是大理石的时候也表现出了同样的技能或智力。"很可能，艺术家、诗人、社会科学家和自然科学家的形态识别能力都建立在自然观察智能的基本认知技能之上。

我在前面提到的"热爱生命的天性"，即对自然世界与生俱来的吸引力，通过进化史已经给个体和部落提供了适应性边缘。 现在，博物学正在重返生物学，将会把根基扩充为一门更加以人为本，更加人文的科学。

如何才能最佳地培养儿童的博物学家能力呢？ 如何发扬在博物学上具有才能的人的优点呢？ 心理学研究者对于这些问题的关注还不多。 基于我自己的个人经历以及多年跟许多父母、老师和孩子交谈中了解的东西，我将尝试来解决这些问题。

儿童很早就向生物界敞开了门扉。 如果受到鼓励的话，他的心理之门将会分阶段地向外开放，从而加强与非人类生命的联系。 大脑为心理学家称作的"预备好的学习"做出安排：我们很容易也很乐意记住一些经历。 相反，我们有选择地回避学习一些其他经历。 例如，记住了鲜花和蝴蝶，却忘记了蜘蛛和蛇。

关于这些有偏学习（biased learning）的进化生物学的基本原理是非常简单的：那些标记环境的健康和生产部分的信号导致遗传上快速地正面强化，不需要教或是重复，而那些标记危险的信号则发生类似地快速负面强化。

对于那些希望在儿童时期就培养其博物学家能力的父母和老师，包括那些宗教领袖，我可以提出很多经受过时间考验的建议。 尽早开始培养吧，孩子早已为之做好了准备。 面向自然敞开大门，但是不要强迫他出去。 把孩子想象成一个狩猎采集者，给他们提供机会去考察野外或是野外的替代品——动物园和博物馆。 让孩子一个人去考察，或是与那些有类似想法的孩子组成小组。 让他自己尝试去干扰一下自然，不要教他应该怎么做。 在家里或是至少在学校提供一些野外指南、双筒望远镜甚至显微镜，鼓励和表扬孩子们的主动性。 在青少年时期，让他和别人一起去冒险，到那些荒无人烟的地方和国外（如果有机会和资金的话）。 让他按照自己的节奏去学习所有东西。 当这个过程结束的时候，他可能会选择律师、市场营销或军人作为职业，但是他在生活中将会成为一个博物学家，并且会因此而感激你的。

我希望前面的建议能够使人清楚地意识到，成为一个博物学家并不像是在学习代数或是一门外语。 介绍孩子到挂满乔木和灌木名字标牌的公园和植物园里去走动可能是一个错误。 用最恰当的语言来表述的话，孩子就是一个"野蛮人"。 他需要为个人发现的刺激而激动，需要浪费一些时间去尽可能地自己学习一些东西。

那么试试这个吧。 给他买一个小的复式显微镜，现在用不到一块滑板或是去迪斯尼乐园的机票的价格就可以买到。 建议他去看看池塘里的水滴，用点眼药水的瓶子取一些水生植物或是藻类的样品。不要告诉他将会发现什么，只是告诉他这将给他带来未经历过的不同寻常的事物。 他将会看到那些令 17 世纪第一批微生物学家罗伯特·胡克、安东尼·范·列文虎克和简·施旺麦丹吃惊的东西。 一个小型的侏罗纪公园：半透明的、能改变形状的轮虫在碎石中逶迤前进，放下和张开像头发一样的纤毛去创造循环的水流；在水中猛冲和旋转前进的原生动物像喝醉的司机一样撞到障碍物上；透明的硅藻，等等，几乎无穷无尽。

我在 8 岁的时候就有了这种经历。 我的父母给了我一架显微镜，我记不清是为了什么了，但那并不重要。 接着，我就发现了自己的一个小世界，完全是野性的，不受约束，没有被人塑造，没有老师，没有书，几乎没有任何可以预言的东西。 开始我也不知道水滴里这些居民的名字，也不知道它们在做什么，但是那些早期的显微镜学家也不知道这些。 像他们一样，我逐渐地看到了蝴蝶鳞片和其他一些物体。 我从来没有想过我这是在做什么，但它确实是纯理论科学。 我是类似列文虎克的那一类人，他曾经说过他的工作"不是为了获得我现在享有的赞赏，主要是渴望获取知识，只是我所关注的东西比绝大多数人多罢了"。

通过对控制智能发育的"原始意向"（archetype）进行重复，可以加强对知识的渴望。 在 8 到 12 岁的时候，很多小孩都建立了秘密空间，如洞穴或者是废弃的房屋，实际上任何不寻常的地点都可以提供隐秘。 可以用小树、木材碎片、废弃的煤渣块或是别的临时替代物来搭建一个遮蔽物（我曾经这样做过，后来证明它们是有毒的橡树）。一座树屋是很理想的，因为它提供了最大限度的隐秘和保护。 甚至一块很小的次生林地碎片，都是一个栖息地的合理选择。 在秘密空间里，孩子也许是和几个朋友在一起，收集杂志，进行阅读和讨论，同时监视周边的地域。

孩子天生就是珍宝的追求者和收集者。 有机会接触到自然环境，他们可能就会去搜寻矿石（珍宝）、蝴蝶和其他昆虫的标本以及一些小的动物活体。 应该鼓励这种行动，不要过于拘谨。 把蟾蜍、没有毒的蛇和小鲤鱼作为宠物没有什么不好。 我曾经把蛇带回家，还用活的苍蝇和蟑螂饲养黑寡妇蜘蛛，由此测试到了父母能够忍受的极限。 有很多方法可以让蚂蚁居住在人工巢穴里（蚂蚁农场）；工蚁日日夜夜都在紧张的劳动；它们很快把一小堆土地变成自己的家园，然后在这里和新发现的食物间留下看不见的气味踪迹。 蚂蚁可以像玻璃缸里的小鱼一样使人轻松，也可以作为学校里很好的科研项目。

为了在短时期内形成最大影响，可以把孩子带到海边，让他自己去寻找和收集一些生物。 在有人居住的地方和高强度利用的海岸，用数码相机记录那些不是太小的动物，或者采集一些生物来放归大海。 沿着沙滩海岸，众多的小昆虫、甲壳类动物、双壳贝类潜藏在搁浅的海草堆里；神秘的死亡动物和它们的残体不断从深水中被冲刷上岸。 在岩石海岸的潮池里，似乎居住着无数的甲壳类动物、蜗牛、海葵、海胆、海星以及别的小动物，与那些浅海环境中生活的种类有很大的不同。 过一会儿，打开一门野外指南，帮助孩子给他的发现加上名字——如果能提供一个小的复式显微镜的话，鼓励他从海藻周围和岩石表面的水滴中采样，那会显现一个更为丰富的生物多样性世界。

等到孩子加入观鸟小组的时候，会感受到不同的冒险精神。 当我已经是成人，成为一名近视的昆虫学家的时候，每当看到鹰、鹤和鹳的时候我都会很激动。 最近，我坐在密西西比州帕斯卡古拉河上的小帆船上，被空中盘旋的一些燕尾风筝给惊呆了，猛地从河里喝了几口水。

观鸟者都是博物学家和冒险者，孩子可以从他们中找到偶像。在他们的圈子里有些古怪孤僻的人，但是也有医生、牧师、水管工人、商业主管、军官和工程师，实际上包括了各行各业的人；他们基于共同的兴趣爱好组织在一起。 至少在野外的时候，他们是我所知道的最有共同兴趣和最为狂热的一群人。

把孩子领进动物园，要有目的性。 不要被动地在展品前漫步，而是要选择一种动物来进行近距离的学习。 爬行动物很受人欢迎，大型哺乳动物也是如此，但是展出的那些最小的生物也同样受人欢迎。 华盛顿特区国家动物公园（the National Zoological Park in Washington，D.C)的一个角落，常年吸引那些昆虫收集爱好者前来参观。 在这些最早开始于1987年的展览中，最受人欢迎的是"土壤工作台"，那是一条充斥着土壤和附近树叶凋落物的地槽。 参观者们大部分是小男孩和小女孩，仔细搜寻着这片小区域，去一睹生活在那里的各种昆虫和微小无脊椎动物的风采。 公园允许他们像野外昆虫学家一样在土壤中梳理和挑选，去发现和鉴定在其中生活的生物。

参观水族馆也能产生同样的影响。 包括儿童在内的所有人，几乎都像喜欢恐龙一样喜欢鲨鱼，那里的鲨鱼可都是活着可以看到的。同样，他们也被重建的珊瑚礁和一眼就能看到的生物多样性所吸引。参观植物园，进入一个模拟的雨林，会陶醉于它的壮美；或者像在画廊里欣赏美的作品一样，参观兰花的临时展览。 它们不但美观大方，而且也是地球上最为多样化的有花植物。

自由的探索会带来学习的乐趣。 个人主动获取知识会产生对更多知识的渴望。 对这个新奇的、美丽的世界的掌握，会给每个孩子带来自信。 博物学家的成长就像是音乐家或是运动员的成长：天才由此而杰出，庸者获得终身享受，人类则从中受益无穷。

16

公 民 科 学

　　我邀请你参与谈论的这个话题就要结束了。 除了充分发挥自我潜力和保护生命以外(尽管这些已经足够了),还要做很多才能成为一名博物学家。 科学的博物学是少数几门可以让有兴趣的人做出原创性贡献的科学。 收集的数据直接成为在生态学、生物地理学、保护生物学和其他专业领域使用的永久记录。

　　我们需要来自公民科学家(citizen scientists)的信息,现在比以前更为需要,这些信息具有永久的价值。 这些数据不会被认为是多余的,或仅仅是用于确认已经获得的知识。 地球上有太多的生物了,而专业的科学家又太少,研究能力已经接近饱和。 我前面已经提到,截至目前,科学家已经描述了 150 万—180 万个物种,但是至少还有 1 000 万个物种在等待被发现。 在这些已知的物种中，在某方面进行过深入研究的也只有不到1%。 它们的地理分布需要描绘，它们的栖息地需要记录，它们的种群大小需要估计，它们的生命周期需要追踪。 对于这些研究需要多少职业和半职业的科学家呢？ 目前全世界生物鉴定和分类学家只有 6 000 个，其中大约有一半在美国。 要推动对动、植物的考察工作，这些超负荷工作的研究者们需有更多的眼，更多的腿和更多的新想法。

职业和业余研究者的合作已经在全球范围内开展起来。 其中最前沿领域，就是要在选择的区域进行所有生命类型的普查。 这种全部物种的编目工作已经在很多地方开展，包括丹麦和日本的池塘和湖泊，哥斯达黎加和亚马逊的雨林，加拉帕戈斯群岛以及英格兰的整个区域（感谢两个多世纪以来众多博物学者的努力）。

在美国进行的这种活动，规模最大的要数 2006 年在大雾山国家公园（the Great Smoky Mountains National Park，在北卡罗来纳州和田纳西州跨越南阿巴拉契亚山脉的保护区）进行的调查。 这个物种调查计划被称为"全物种生物多样性编目"（All Taxa Biodiversity Inventory，缩写 ATBI），召集了北美各种生物类群的专家，在志愿者的帮助下，只用了很少经费，就建成了面向从初中到博士、博士后项目各个层次学生的教育中心，而且完成了一项非常宏伟的生物学研究。

南阿巴拉契亚山脉构成了北美最古老的山脉，而且历史上从来没有被冰川覆盖过。 这片森林同样是生物多样性最为丰富的森林。 在它的上游挤满了蜉蝣类、石蝇和其他一些体型优雅但寿命很短的昆虫，它们的祖先比爬行时代还要古老。 世界上已知的蝾螈分布最密集的地区就在这些山脉和丘陵，有棕色的、黄色的、金绿色和黑红色的各种类型。 这里的鲤科鱼类是其他地方所没有的种类，而且每一条溪流中都不同。 这里有很多行动迟缓，以孢子为食的水熊；有以人做参考可跳跃1公里远的跳虫；有同蜘蛛和海龟相似的长有甲壳的甲螨；还有铗尾虫、线虫和一些只有专家才能识别的小型无脊椎动物居住在土壤中。 但是它们不是位于生物多样性的最顶端，真菌的物种数目可以与之相提并论，而细菌的物种数量则要大大超过了。

大雾山调查的结果给人留下了深刻的印象。 从1998年初到2004年夏季，在这个公园总共发现了3314个以前没有记录过的物种，补充了大雾山生态系统的组成成分；其中516个为科学上的新种，从来没有在其他地区发现过。 这些新奇的物种有一些是显微镜下才可见，并不引人注目，但也不完全是这样。 其中的28个新物种是小龙虾和水蚤，25种是甲虫，72种是蝶类和蛾类。 我们应该想到的是，这些发现并不是在遥远的亚马逊地区，而是在对于几亿美国人来说很容易驾车前往的地方。

鳞翅类(蛾子和蝴蝶)研究组的组长大卫·瓦戈尔，这样描述了合作研究的精神：

2004年7月19日下午3点，我们离开了位于肖格兰(Sugar-lands)的培训室，然后分散进入了公园中一些偏僻的地方。 我们那些奇怪的工具和网具在水银蒸汽灯和背景灯的照射下，被设置在40多个陷阱区，这些区域代表了公园的不同海拔、植被群落和森林类型。 夜里捕捉的各种蛾子在早上8点的时候被带回肖格兰，连续两天不间断地进行整理、鉴定、计数、输入数据库和核实。 我们投入了全部的精力，靠无数咖啡和油炸圈饼来强打精神。 在周三下午当迷雾揭开的时候，被剥夺了睡觉权利的40

个组员已经记录和核实了 795 个蝶类和蛾类物种。

当时对其中的 642 个物种进行了 DNA 取样，以备将来的测序用。 通过对每个物种线粒体染色体组上 700 个碱基片段的解码，把数据输入到"生物条形码"（Barcodes of Life）网站，科学家可以对以后调查收集的很多物种进行鉴定，甚至只要有成虫的组织碎片或毛虫就可以了。 因为毛虫在外观上和成虫完全不同，也被小组进行了取样，它们的 DNA 序列需要记录该物种的植物食物，以及完成对生命周期的跟踪。

这种条形码技术说明了在大众协助的调查中，不同领域的生物学家可以迅速集合起来。 自 20 世纪 90 年代以来，技术进步加速了对地球上各个地区生物多样性的考察。 高分辨率数字摄影被添加到计算机程序中，在某种程度上和医学 X 光的应用很类似，可以产生哪怕是最小的昆虫和其他生物体的三维清晰图片。 图片可以被电子传输，信息几乎在瞬间就可以被分享。 如今，博物馆和植物标本馆已经开始为藏品拍照，把已知的动、植物种的照片挂到网上去，其中一些是 100 多年的老标本。 在制图版上是一个远程控制的、机器人检测的标本，允许研究者从地球上的任何地方操纵和放大博物馆的标本。 这些进展使得分类学更容易走向现代化，将大大加速对更多的生物多样性的野外研究。

把生物多样性数据库集中到几个免费的、单向访问的、执行命令的系统，已给生物学家和学生提供了很多好处。 这里提出一个问题：你下一次去南美的时候希望带上一本关于阿根廷蝴蝶的指南吗？想要一本博茨瓦那淡水鱼的手册吗？ 苏门答腊岛的蕨类植物呢？ 石溪公园的所有动、植物呢？ 这都没有问题。 在 10—20 年后，将可能根据当时的考察深度，为任何团队编排合适的野外手册，无论是在地球上的任何地方。 在我去西印度群岛野外考察蚂蚁的时候，就已经开始这样做了。 如果有了足够多的动、植物图片，那么就可能为那些遥远的野外帐篷里的人提供所需的野外指南。

绘制地球生物多样性地图的下一个阶段就是编制前面所提及的生命百科全书。 美国国家自然历史博物馆已经开始了这样的一个项目，为过去已知的或是最近刚发现的每个物种建立一个电子页面，物种的一切信息都被记录并且不断进行更新。 在这里，学生和公民科学家可以作出另外一个重要的贡献。 科学的自然史（生态学），从生命周期的细节，自然行为到生态系统功能，都在对生物学的未来做出极大努力。 但是它是劳动密集型的工作，进展缓慢，在罕见物种的研究上经常需要碰运气。 甚至专业的分类学者也只是希望能在某个时候，在某个类群，获得哪怕是很有限的一些发现。 业余博物学家的共同参与在很大程度上加快了这个进程。 细想一下：一个观察者可能在瑞典——这个物种分布的最北缘，发现了一群蝴蝶将某种植物作为幼虫的食物，而另一个人则发现分布于意大利的其最南部种群取食另一种植物。 一种青蛙可能在堪萨斯州数量增加，但是却在科罗拉多州趋于灭绝。 一种蝴蝶可能在斐济很少出现，但是却在萨摩亚爆发成灾。 这些都是跟踪气候变化现象和生态学中其他趋势所需要的一些精细数据。

公民科学家参加生物多样性考察通常是从"物种调查"（bioblitzes）活动开始的，那是一种寻宝竞赛，要在 24 小时内在一个地方发现和鉴别尽可能多的物种。 为了发表鼓舞士气的演说，为了被当地居民邀请参加随后的午餐和晚餐，很多职业和业余的专家在约定的时间聚在有趣的地点。 活动开始后，他们四散而去，去寻找和鉴别他们所选择的动、植物类群中尽可能多的物种。 每个小组里由一名专家带领，队员包括学生、朋友以及一些感兴趣的跟随者。 他们列出调查到的鸟类、蜻蜓、苔藓、树木、地衣，以及其他任何能够识别的类群。 他们采集那些常见物种的标本，对罕见物种则拍照保存。 在结束的时候，他们聚在一起展示各组的成果，然后享用各种食物和茶点。 这些冒险家们互相交换记录本，讲述碰到的新鲜事。 "我想我可能找到了步行虫的一个新种，如果不是新种的话，那肯定是某种惊人的分布区扩张。" "雷米也看到了，我肯定发现了同样的东西。我敢打赌，它是最近引入的一个外来物种。" 最有价值的标本将被送到博物馆和植物标本馆，供分类学家们进行研究。

据我所知，最早的"物种调查"活动是 1998 年 7 月 4 日在马萨诸塞州的瓦尔登湖举行的，包括了康科德和林肯市的邻近地区。 之所以选择瓦尔登湖，是因为它是亨利·戴维·梭罗小屋的所在地。 在那里两年的归隐生活中，梭罗构思了美国环保主义哲学的基础。1845 年 7 月 4 日是他正式搬到小屋居住的日子。 我们的竞赛被称为"生物多样性日"。 在皮特·奥尔登(一个当地居民和国际野生动物旅游导游)的筹划和组织下，这个活动集中了新英格兰的 100 多位专家。 我作为赞助者和蚂蚁专家参加了这个活动。 我们的目标是发现1 000 种动、植物，结果发现了 1 904 种，如果你算上第二天跑进又跑出康科德中心的北美麋的话，实际上就是 1 905 种了。

"生物多样性日"活动很受欢迎，于是在第二年，马萨诸塞州环保局将这个活动扩大到更多地方，包括了一些来自选定学区的学生。第二年，该州所有的学区都参加了这个项目。

在 2006 年当我完成本书的时候，"物种调查"活动已经在美国其他 6 个州(康涅狄格州、伊利诺伊州、纽约州、宾夕法尼亚州、罗得岛州和弗吉尼亚州)和另外 17 个国家(奥地利、比利时、玻利维亚、巴西、中国、哥伦比亚、法国、德国、匈牙利、意大利、卢森堡、荷兰、挪威、巴拿马、波兰、瑞士和突尼斯)开展起来。 2004 年 6 月 27 日,在纽约的中央公园举行了一个有着重要象征意义的活动。探险俱乐部的成员理查德·C.维泽和杰夫·施托尔策这样评述说:"他们与专家、学生及各种各样的纽约人一起,在树林子里爬行,潜入湖底,爬到树上,追逐蝴蝶,在寻找新生命的过程中为这个美丽公园的自然奇迹而着迷。"这个公园实际上是非常美丽的,它的绿色植物同曼哈顿的高楼大厦以及在旁边和中间穿越的人流形成了对比。它甚至还有一点原始的味道:在公园中间有一小块没有受到干扰的落叶林。 在 2004 年,"物种调查"增加了新的特色,在著名的洋底探险者塞尔维亚·厄尔勒的带领下,潜水到了两个小湖水下。 尽管中央公园只有 843 公顷,24 小时的搜索却找到了 836 个动、植物物种。

图 24 2002 年在纽约中央公园发现的一种蜈蚣,可能是世界上个体最小的种类,非常特殊,是科学上的新发现,可以被单独列为一个新属(由美国国家历史博物馆的 Kefyn M. Galley 提供)。

现在轮到去揭示那些看不见的生物了。 合作团队开始涉足于那些几乎是完全未知的细菌世界。 在几吨重的肥沃土壤中就生活着几百万个物种,实际上它们对于科学来说完全是未知的。 在 2004 年年中,在大雾山国家公园仅仅记录了 92 种细菌。 实际上在橡皮擦大小的一捏儿土壤里差不多就有这么多物种了,算上分布在整个公园里的细菌物种的话,大概要有几千万种了。 细胞克隆和 DNA 测序这些新技术的使用，使得有可能在细菌的分类和鉴定上取得重大进展。这些方法的速度很快，将来会更快，而且成本会降低到可以承受的程度。

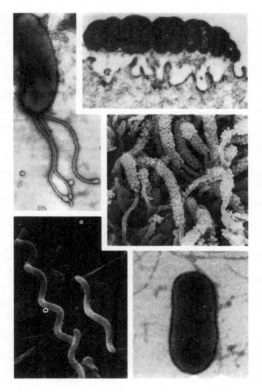

图 25　一种细菌的混合体。左下角的螺旋形的物种是自由生活的水生物种，其他都生活在人体消化道的各个部分；右下方的是污染水体中常见的大肠杆菌，也是分子生物学研究的一个重要物种（引自 Paul Singleton, *Bacteria in Biology，Biotechnology and Medicine*，6th ed.［Hoboken, N.J.：John Wiley，2004］，p.12）。

　　微生物学家们认为，在不久的将来，可以把测序装置插到野外，在收集样品的同时可以用基因组数据库软件立刻做出物种的鉴定。

　　生物多样性技术的便携性使得它成为向发展中国家转移前沿生物

学研究的理想通道。 最近成立的"加勒比海生物多样性协会"（Con-
sortium for Biodiversity of the Caribbean）就是这种扩散能够迅速完成
的范例。 协会包括多米尼加共和国自然历史博物馆和国家植物园，
也包括美国的一些机构，如史密森尼学会（Smithsonian Institution）和
纽约植物园。 多米尼加国家植物园位于首都圣多明各，占地2平方
公里，是世界上城市中最大的保护区之一。 它包括了超过1/2平方
公里的一片少有的成熟低地雨林。 在协会的支持下，建立了一个科
学家网络来彻底搜寻多米尼加共和国以及西印度群岛更广泛区域残留
的动、植物物种，并且把这种信息变成电子形式。 这个努力产生了
额外的好处：就像在工业化国家一样，这里使用的信息技术和生物多
样性科学可以被直接介绍到当地从初中一直到大学各个阶段的教育课
程中。

在我刚70岁的时候，本来以为自己真正的野外工作已经结束
了，却被安排去开展这个工作。 我带着一个科考队伍，从东海岸干
燥的灌木林搜索到残存的山地雨林，然后向更高的地方进发，一直到
中科迪勒拉山2440米（8000英尺）高的稀疏分布着松树的草原。 我
和50年前在古巴和南太平洋进行考察时一样高兴。 从本质上讲，除
了那个雄伟的目标现在似乎触手可及以外，我对生物多样性研究的热
情一点都没有减弱。

鉴于热带生物多样性的丰富程度以及早期调查的缓慢进展，在多
米尼加共和国进行的这个调查项目很快产生了成果。 哈佛大学的昆
虫学家布莱恩·法瑞尔，策划并推动了这个协会的发展，并在最近指
出物种调查浪潮的第一个实际性应用。 在哈佛大学和多米尼加共和
国学生组成的合作队伍采集的标本中，包括了2只陌生的黑白相间的
蝴蝶。

这些标本很快就被证明是非常重要的发现，不仅仅是因为它们是在多米尼加首次被发现，而且也是无尾凤蝶这个物种在西半球的首次记录。旧大陆热带的这种蝴蝶，其毛虫使东南亚、印度及其邻近地区幼嫩的酸橙树、橘子树和其他柑橘类植物的树叶脱落。它们使小树上的叶子完全掉光，每年造成数百万美元的经济损失。所以，这个物种很可能会给多米尼加共和国的柑橘产业带来毁灭性的灾难。

图 26　多米尼加共和国的蝴蝶和蛾类（引自网站 Biocaribe. org，得到 Brian D. Farrell 的许可）。

大雾山国家公园和西印度群岛的物种编目项目，属于当前全球为了加快对地球生物多样性的调查而开展的几十个项目中的两个。这些项目使用新的生物技术和信息技术，调查范围从州或市（包括芝加哥和波士顿港岛的初步行动）到大陆甚至全球尺度。这些项目调查的侧重点有所不同，有些关注单一的生物类群如两栖动物或蚂蚁，有些则关注所有的生物类群。

当这些信息在互联网上汇集在一起的时候，地球生物多样性的图景将随着一块块高清晰马赛克的显露而逐渐变得完整。尽管有着谦逊的外表，但是对所有物种进行编目实际上是一个"大"科学，是一个像登月计划一样需要很多科学家和公民科学家共同参与的努力。这种科学知识对医学、农业和资源管理的正面影响将超出人们的估计。它同时为物种和当地改造的遗传种质资源的普遍保护奠定了基础。我们所了解的一切至少显示了"造物"的重要性。

五 跨越

科学和宗教是社会上两股最重要的力量，它们联合起来可以拯救世界。

图 27　巴西大西洋热带雨林 [版权为 Frans Lanting(1999)所有，引自 Frans Lanting, Galen Rowell, and David Doubilet, *Living Planet*：*Preserving Edens of the Earth*（Washington, D. C.：World Wildlife Fund, 1999）, p. 79）。

17

为生命而联盟

牧师，我很感谢你的关注。作为一个毕生研究"造物"的科学家，我已经尽了最大努力向你及其他人简要介绍了我希望我们能够更加共同关心的主题。按照我的理解，我的参考依据已经成了科学文化和基于科学的世俗主义的一部分。在那个基础上，我关注影响到每一个人的三个问题的相互作用：生命环境的退化，科学教育的不足以及生物学指数增长引起的道德混乱。为了解决这些问题，我认为很有必要去寻找宗教和科学这两股力量可以结合的共同点，而最好的出发点就是对生命的管理。

很明显，不管是宗教也好，还是科学也好，都已经着重强调了这个重要问题。我试图识别出生物学和教育中与提议的合作最为密切的那些要素。 在这个过程中，我不想用任何方式来掩盖科学和主流宗教涉及的生命起源的根本差异。 你说，上帝创造了万物。 这个事实在圣经中已经得到很清楚的阐述。 2500年的神学和西方文明的很多内容都建立在这个基础之上。 但是我要很恭敬地说声"不"字。生命是通过编码分子的随机突变和自然选择，经过自组织过程而来的。 这个解释似乎有些过激，但是它已经被很多环环相扣的证据所支持。 它也许会被证明是错误的，但是这么多年过去，那似乎是越来越不可能发生了。 于是就提出了这样的理论问题——上帝是不是很有欺骗性，用了很多迷惑人的证据来影响世人？

我更愿从不同的角度进行考虑，在"智慧设计"（Intelligent Design）的想法上我不会进行任何妥协。 简单地说，这个提议认为进化确实发生，但是争辩说这个过程受到超自然智慧的引导。 然而，"智慧设计"的证据，仅仅是一种缺省论据。 它的逻辑非常简单：生物学家还不能解释复杂的系统，例如人的眼睛和细菌旋转的纤毛是如何自己进化的，因此必定存在着更为高级的智慧来指导这种进化行为。 不幸的是，目前还没有确凿的证据来证明它。 他们也没有提出任何理论，甚至还没有想过怎么去解释超自然力是如何产生生物实体的。 这就是那些在物种起源研究上处于领先地位的重要科学家，为什么一致认为"智慧设计"理论不是科学的原因。

一些人提出，科学家已经形成某种合谋来阻止对"智慧设计"的研究。 实际上并不存在这样的合谋，只是在专家中达成了共识，认为那种假设没有任何的科学特征。 其他的想法只是对科学文化的曲解。 科学中的硬通货（不可代替的银和金）是发现和对发现进行的检验。 在新证据的基础上对原有的理论发起挑战，这才是科学的特征。 如果发现了确凿的和重复出现的证据能表明超自然的智慧创造和引导着生命的进化，那将会是当代最伟大的科学发现。它将会改造哲学，改变历史的进程。科学家们做梦都想着要做出这样重大的发现。

然而，没有这样一个事件的话，对于神学家要用"智慧设计"的缺省论据作为科学支撑来支持宗教信仰来说，是非常危险的一步。生物学家们正在加速解释以前所不能解释的想象，为高度复杂系统的自起源提供进化步骤。"智慧设计"假说，作为仍然让人看不透的走向衰亡的系统，将来会怎么样？随着科学理论构想可靠性的不断增加，这个假说将会被摒弃，很可能会是这样的结局。从逻辑上讲，在科学里，一个缺省论据永远不能代替肯定性论据，只要很小的肯定性论据就可以击败缺省论据。

从宽泛的意义上说，你和我都是人道主义者。人类福祉是我们关心的中心，但是基于宗教的人道主义和基于科学的人道主义，在人生观和在把自己作为一个物种的意义上产生了分歧。它影响了我们各自去证明伦理观、爱国主义、社会结构和个人尊严的方式。

我们要做些什么呢？我说，忘掉那些差异吧，聚焦到共同点上来。这并没有开始想象的那么困难。当你考虑这个问题的时候，我们哲学上的差异对于我们各自生活的影响实际上并不大。我猜想，你和我具有同样的伦理观、爱国主义和利他主义。我们都是从宗教和基于科学教化的环境中共同孕育出的文明的产物。我们很乐意同时被选出，去共同战斗，尊重人的生命。当然我们也都很热爱世界万物。

在即将写完这封信的时候，我希望当我说到接近自然而不是远离自然的时候，没有冒犯到你。在发现我表达的东西和你的信仰相一致的时候，我感到深深的满足。不管怎样，在我们对立的世界观中存在的紧张状态终于结束了，不管科学和宗教在人的头脑中如何兴衰，我们仍然存在着与生俱来的、超凡的、道德上应该共享的责任。

　　此致
敬礼

爱德华·O·威尔逊

参考文献和注释

自然和荒野的概念，特别是作为一种文化意义，在 William Cronon 编著的 *Uncommon Ground：Toward Reinventing Nature*（New York：W. W. Norton，1995）一书中有很多学者做了详细的解说，也可参见 Roderick Nash 在 *Wilderness and the American Mind* 4th ed. (New Haven：Yale University Press，2001)中的美国文化史部分。从科学证据角度来阐述荒野的概念，在 Edward O. Wilson 的 *The Future of life*（New York：Alfred A. Knopf. 2002）一书中再次进行过回顾。最近很多作者对建构主义进行的批判，见 Eileen Crist 的论文：Against the Social Construction of Nature and Wilderness, *Environmental Ethics* 26(2004)：5—24。

在波士顿港岛，参见 Charles T. Roman， Bruce Jacobson 和 Jack Wiggin 的论文：Boston Harbor Islands National Park Area：Natural Resources Overview， special issue 3， *Northeastern Naturalist* 12 (2005)：3—12。

关于野性自然的价值，有很多专业文献和科普读物。我已经在自己的三部曲中综述了很多重要内容：*The Diversity of Life*（Cambridge：Harvard University Press， 1992），*Consilience：The Unity of Knowledge*（New York：Alfred A. Knopf. 1998）， *The Future of life*（New York：Alfred A. Knopf. 2002）。

Fray Bartolomé de Las Casas 的英文翻译见 Sandra Ferdman 在 Roberto González Echevarría 编著的 *The Oxford Book of Latin American Short Stones*（New York：Oxford University Press， 1997）一书。

19 世纪中叶的自然审美：见 George Catlin， *Letters， and Notes on the Manners， Customs， and Condition of the North American Indians*， vol. 1（London， 1841）， pp. 260—264。

热爱生命的天性：在很多文献中被提到，见 Edward O. Wilson， *Biophilia*（Cambridge：Harvard University Press. 1984）；Stephen R. Kellert and Edward O. Wilson， eds.， *The Biophilia Hypothesis* (Washington， D. C.：Island Press/Shearwater Books， 1993)；and Stephen R. Kellert， *Kinship to Mastery：Biophilia in Human Evolution and Development*（Washington， D. C.：Island Press， 1997）。

环境心理学和保护心理学的新学科见 Carol D. Saunders， "The Emerging Field of Conservation Psychology，" *Human Ecology Review* 10(2003)：137—149 的描述。

人类的优选栖息地理论在 George H. Orians and Judith H. Heer-wagen "Evolved Responses to Landscapes," in Jerome H. Barkow, Leda Cosmides, and John Tooby, eds., *The Adapted Mind：Evolutionary Psychology and the Generation of Culture*（New York：Oxford University Press, 1992）中被提出。

自然风景对心理健康的重要性见 Howard Frumkin "Beyond Toxicity：Human Health and the Natural Environment," *American journal of Preventive Medicine* 20（2001）：234—240 一文的评论。

灭绝过程的概述见我的著作 *The Diversity of life* 和 *The Future of Life*。

陆地、淡水和海洋生态系统的退化参见 Jonathan Loh and Mathias Wackernagel, eds., in *Living Planet Report* 2004（Gland, Switzerland：WWF-Worldwide Fund for Nature, 2004）。

地球上大部分地区珊瑚礁的退化参见 D. R. Bellwood, T P Hughes, C. Folke. and M. Nyström, "Confronting the Coral Reef Crisis," *Nature* 429：（2004）827—833。

两栖动物衰退的详细描述见 Simon N. Stuart et al., "Status and Trends of Amphibian Declines and Extinctions Worldwide" *Science* 306（2004）：1783—1786。 感谢 James Hanken 提供了海地青蛙现状的最新完整数据。

象牙喙啄木鸟的发现和美国 1980 年以来的灭绝鸟类名单参见 David S. Wilcove, "Rediscovery of the Ivory-billed Woodpecker", *Science* 308（2005）：1422—1423。

瓶颈的比喻在我的 *Consilience* and *The Future of Life* 两书中有详细论述。

《生物多样性公约》的签署者以及他们减缓灭绝的目标，引自 Thomas brooks and Elisabeth Kennedy, "Conservation Biology: Biodiversity Barometers." *Nature* 431(2004): 1046—1048。

与保护自然相一致的国家宪法在 David W. Orr in "Law of the Land," *Orion*, January/February 2004, pp. 18—25 中进行了综述。

在今后 50 年中由于全球变化而导致的物种丧失数目是 Chris T. Thomas 等人的估计，参见 Chris T. Thomas et al., "Extinction Risk from Climate Change," *Nature* 427(2004): 145—148, 也可以参考 J. Alan Pounds and Robert Puschendorf 的评论 "Ecology: Clouded Futures," ibid., 107—109。

34 个热点地区在 Russell A. Mittermeier 等的 *Hotspots Revisited: Earth's Biologically Richest and Most Endangered Terrestrial Ecosystems* (Mexico City: Cimex, 2005)一书中进行了分析。

海洋保护，科学和实践，特别是关于公海，参见 Linda K. Glover 和 Sylvia A. Earle 编写的 *Defying Ocean's End: An Agenda for Action* (Washington, D.C.: Island Press, 2004)中多位作者的介绍。

全球所需要的海洋保护区面积以及保护的成本估计参见：Andrew Balmford et al., "The World wide Costs of Marine Protected Areas," *Proceedings of the National Academy of Sciences*, USA 101 (2004): 9694—9697, 在 Henry Nicholls 的 "Marine Conservation: Sink or Swim." *Nature* 432(2004): 12—14. 中也有讨论。

DNA 的结构：见 James D. Watson and Francis H. C. Crick, "A Structure for Deoxyribose Nucleic Acid," *Nature* 171(1953): 737。

关于生命百科全书项目的描述，修改自我的论文"The Encyclo-pedia of Life，" *Trend in Ecology & Evolution* 18(2003)：77—80。

博物学家的成长：我所了解的很大一部分来自我及身边朋友的经历，在我的自传 *Naturalist*（Washington， D. C.： Island Press，1994)也提到过。 其他人更详细地描述过类似的感觉，例如包括 Richard Louv 的 *Last Child in the Woods*： *Saving Our Children from Nature-Deficit Disorder*（Chapel Hill， N. C.： Algonquin Books of Chapel Hill， 2005)一书。

"自然观察智能"的定义来自 Howard Gardner 的 *Intelligence Reframed*： *Multiple Intelligences for the 21st Century*（New York： Basic Books， 1999)一书的 49—50 页。

创造隐蔽地的倾向来自 David T. Sobel 在 *Children's Special Places*： *Exploring the Role of Forts*， *Dens*， *and Bush Houses in Middle Childhood*（Tucson： Zephyr Press， 1993)一书中的分析。

2004 年年初"全物种生物多样性编目"项目在大雾山国家公园发现的新物种名单见 *ATBI Quarterly*， Summer 2004， p.3。

David Wagner 在大雾山国家公园的鳞翅类编目见 "Results of the Smokies 2004 Lepidoptera Blitz，" *ATBI Quarterly*， Summer 2004， pp.6—7。

加速分类学研究，创建电子版生命大百科全书的期望，见我的论文 "On the Future of Conservation Biology，" *Conservation Biology* 14(2000)：1—3 以及 "The Encyclopedia of Life，" *Trends in Ecology & Evolution* 18(2003)：77—80。

关于马萨诸塞州的第一个生物多样性日的报道见我的著作 *The Future of Life*。 Peter Alden 提供了开展过"物种调查"活动的美国各州的名单，Ines Possemeyer 在 2005 年提供了举办过 "物种调查" 活动的国家名单（来自个人通信）。

纽约中心公园的 "物种调查" 活动：见 Richard C. Wiese and Jeff Stolzer, "Exploring New York's 'Backyard,'" *Explorers Journal*, Summer 2003, pp. 10—13。

在多米尼加共和国发现的蝴蝶：见 Brian D. Farrell, "From Agronomics to International Relations," *Revista*（Harvard Review of Latin America Studies）, Fall 2004/Winter 2005, pp. 7—9。

基于信念对环境管理职责的支持，包括提高保护生物多样性的程度，正出现于全球很多地方的宗教和教派中。例如在美国，国家基督教联合会、国家宗教环境互助会、复兴万物长老会、美国天主教主教联合会以及太平洋卫理公会联合会正在发起一些行动。关于在其他国家和主要宗教中的更多运动的综述，参见 Jim Motovalli, "Steward of the Earth," *Environmental Magazine* 13, no. 6（2002）：1—16。在宗教领袖中特别需要注意的是 Patriarch Bartholomew——"绿色主教"，他是 3 亿东正教徒的领袖。

关　于　作　者

　　爱德华·O·威尔逊，1929 年出生于美国阿拉巴马州的伯明翰市，是南方浸信会教友，持久地受到福音基督奔放和超自然力的影响。 他小时候的探险活动也在脑海中深深嵌入了自然环境的美丽和神奇。 这些定式的影响结合起来使他在阿拉巴马大学上学的时候对进化生物学产生了兴趣。 按照本书的解释，科学人文主义从那时起就给了他组织化的世界观，但是他从来没有切断自己的根源。

　　威尔逊在研究生阶段和在哈佛大学工作的 41 年以及之后的退休岁月里，一直在从事科学研究和教学工作。 他出版了 20 本著作和400 多篇论文，在科学和文学上赢得了 100 多项奖励，其中包括因1978 年的《论人性》和 1990 年与伯特·赫勒多布尔合著的《蚂蚁》

而获得 2 次普利策奖；美国国家科学奖章；由瑞典皇家科学院设立的授予诺贝尔奖覆盖范围外的其他学科的克拉夫奖；日本的国际生物学奖；意大利的总统奖章和诺尼诺国际文学奖；美国哲学协会富兰克林奖章。 由于他对保护生物学的贡献，他已经被美国奥杜邦协会授予奥杜邦奖章，被世界自然基金会授予金质奖章。 他的个人生活和职业生涯被记录在回忆录《博物学家》中，这本书在 1995 年赢得了《洛杉矶时报》的科学图书奖。

如今，威尔逊和他的妻子艾琳住在马萨诸塞州的莱克星顿，仍然在积极地从事野外研究、写作和自然保护工作。

图书在版编目(CIP)数据

造物：拯救地球生灵的呼吁/(美)爱德华·O·威
尔逊(Edward O. Wilson)著；马涛，沈炎，李博译
.—上海：上海人民出版社，2018
书名原文：The Creation：An Appeal to Save Life
on Earth
ISBN 978 - 7 - 208 - 15207 - 6

Ⅰ.①造…　Ⅱ.①爱…②马…③沈…④李…　Ⅲ.
①生物多样性-保护-研究　Ⅳ.①Q16

中国版本图书馆 CIP 数据核字(2018)第 106313 号

责任编辑　吴书勇
封面设计　小阳工作室

造物

——拯救地球生灵的呼吁

[美]爱德华·O·威尔逊　著

马　涛　沈　炎　李　博　译

出　　版	上海人 **民出版社*	
	(200001　上海福建中路 193 号)	
发　　行	上海人民出版社发行中心	
印　　刷	江阴金马印刷有限公司	
开　　本	635×965　1/16	
印　　张	10	
插　　页	6	
字　　数	116,000	
版　　次	2018 年 8 月第 1 版	
印　　次	2018 年 8 月第 1 次印刷	

ISBN 978 - 7 - 208 - 15207 - 6/Q · 8

定　　价　58.00 元